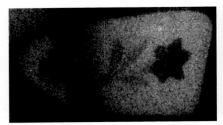 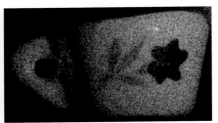

(a) ディジタルホログラムの左端の一部分からの再生像
(b) ディジタルホログラムの右端の一部分からの再生像

【口絵1】 ディジタルホログラムから得られる視差画像（→図2.13）

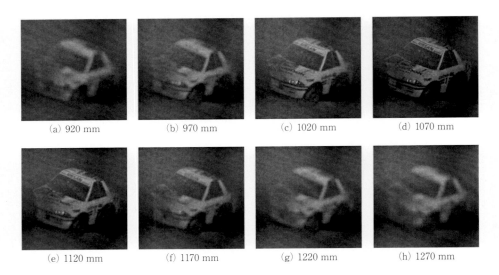

(a) 920 mm　(b) 970 mm　(c) 1020 mm　(d) 1070 mm

(e) 1120 mm　(f) 1170 mm　(g) 1220 mm　(h) 1270 mm

【口絵2】 1回フーリエ変換による再構成例（→図4.6）

【口絵3】 2つのフレネル回折計算を用いた再生像（→図4.8）

(a) コンボリューション計算　(b) 1回フーリエ変換計算

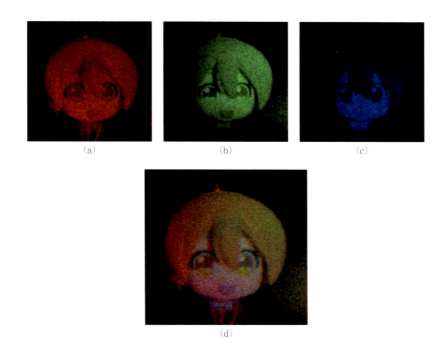

【口絵4】 カラーディジタルホログラフィの実験例 (→図4.12)

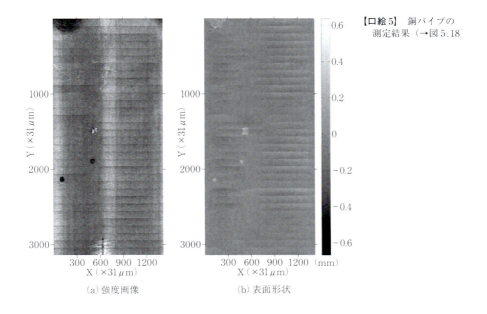

【口絵5】 銅パイプの測定結果 (→図5.18)

光学ライブラリー
7

ディジタル
ホログラフィ

早崎芳夫 ［編著］

朝倉書店

執筆者

*早崎 芳夫（はやさき よしお）	宇都宮大学オプティクス教育研究センター教授	（1章, 6章）
野村 孝徳（のむら たかのり）	和歌山大学システム工学部教授	（2章）
粟辻 安浩（あわつじ やすひろ）	京都工芸繊維大学電気電子工学系教授	（3章）
的場 修（まとば おさむ）	神戸大学大学院システム情報学研究科教授	（4章）
横田 正幸（よこた まさゆき）	島根大学大学院総合理工学研究科教授	（5.1節）
有本 英伸（ありもと ひでのぶ）	産業技術総合研究所電子光技術研究部門	（5.2節）

（執筆順．*は編著者）

❗ 書籍の無断コピーは禁じられています

　書籍の無断コピー（複写）は著作権法上での例外を除き禁じられています。書籍のコピーやスキャン画像、撮影画像などの複製物を第三者に譲渡したり、書籍の一部を SNS 等インターネットにアップロードする行為も同様に著作権法上での例外を除き禁じられています。

　著作権を侵害した場合、民事上の損害賠償責任等を負う場合があります。また、悪質な著作権侵害行為については、著作権法の規定により 10 年以下の懲役もしくは 1,000 万円以下の罰金、またはその両方が科されるなど、刑事責任を問われる場合があります。

　複写が必要な場合は、奥付に記載の JCOPY（出版者著作権管理機構）の許諾取得または SARTRAS（授業目的公衆送信補償金等管理協会）への申請を行ってください。なお、この場合も著作権者の利益を不当に害するような利用方法は許諾されません。

　とくに大学教科書や学術書の無断コピーの利用により、書籍の販売が阻害され、出版じたいが継続できなくなる事例が増えています。

　著作権法の趣旨をご理解の上、本書を適正に利用いただきますようお願いいたします。

[2025 年 3 月現在]

まえがき

　日本光学会の Optics and Photonics Japan やアメリカ光学会の Digital Holography & 3-D Imaging などの会議では，ディジタルホログラフィに関連する発表の件数が増えている．また，ディジタルホログラフィに関連する企業員向けのセミナーにおいても，予想以上の数の参加者がやってくる．ディジタルホログラフィには，どのような学術的，産業的な魅力があるのだろうか．第 1 の魅力は，光の波面を記録して，その光波面を再生するという，ホログラフィの原理そのものの魅力である．近年，そのオリジナルの定義を超えて，新しい画像記録・表示技術をホログラフィと呼んでしまう例さえみられる．まさしく，究極の画像操作技術の一つであるホログラフィという言葉の魅力である．第 2 の魅力は，光源とイメージセンサーとコンピュータがあれば実現できる，ディジタルホログラフィの低い実行コストである．筆者を含め大学教員は，新しい研究を行い，論文として後世にその結果を残すことを仕事の一つとしており，その質と量に対して一喜一憂している．しかし，多くの大学の普通の研究室で起こっている貧困化の現状の下，それでも研究を進め，論文を書きたいと考えている大学研究者にとって，比較的少ない費用で論文にたどりつけるディジタルホログラフィはきわめて魅力的である．国内会議では，多様な大学の研究者が参加し，国際会議では，発展途上国の研究者が参加していることからも，ディジタルホログラフィの研究分野としての裾野の広さを窺い知ることができる．第 3 の魅力は，技術としてのディジタルホログラフィが，究極物理現象の観測など基礎研究用の観測ツールとして，また，特定応用に対する実用光計測の実装ツールとしても使うことができ，学術的にも産業的にも貢献できる領域が広いことである．学会の話に戻るが，近年，物理，電気電子，機械，情報をバックグラウンドにもつ研究者だけでなく，生物，化学，農学をバックグラウンド

にもつ研究者が，ディジタルホログラフィの会議に参加する場合も多くみられるようになり，他分野での利用も広がりつつある．

このような状況のなか，この本の執筆のきっかけに触れておきたい．セミナーを開催すると，企業の方から，ディジタルホログラフィの勉強をしたいのだけど，良い資料はないのかと質問を受けることがよくある．その際，日本語で書かれた解説論文や英語で書かれた論文や本を紹介するのだが，できれば，まとまった記述のディジタルホログラフィの日本語の教科書はないかとお礼とともにコメントを受ける．そういうことなら，日本光学会のディジタルオプティクス研究グループのメンバーで書こうということになった．2012 年の年末のことである．どこの出版社から出すかを検討しているなか，武田光夫先生や黒田和男先生の新しい本の出版の相談で，朝倉書店の編集者の方が，宇都宮大学オプティクス教育研究センターにやって来られたので，ついでに筆者の部屋にも寄って頂いた．その場でいくつかの草稿を見せ，書籍化の構想を具体化させた．2014 年の 11 月である．あれから 2 年弱，ちょっと時間をかけすぎてしまったかもしれない．しかし，まだ，ディジタルホログラフィの旬は過ぎていないようである．本書が，これからディジタルホログラフィを勉強しようとしている大学生・大学院生・企業技術者の皆様の役に立てば，我々としては本望である．

2016 年 9 月

早崎 芳夫

目　　次

1. は　じ　め　に……………………………………………………(早崎芳夫)…1
   1.1　背　景………………………………………………………………………1
   1.2　ディジタルホログラフィと計算機ホログラフィ………………………3
   1.3　ディジタルホログラフィの処理プロセス………………………………6
   1.4　ディジタルホログラフィの特徴…………………………………………8
   1.5　主な応用………………………………………………………………………9
   1.6　本書の構成……………………………………………………………………10

2. ディジタルホログラフィの基本原理……………………………(野村孝徳)…11
   2.1　光波の記録と再生……………………………………………………………11
   2.2　記　録…………………………………………………………………………12
   2.3　再　生…………………………………………………………………………14
   2.4　光　源…………………………………………………………………………17
   2.5　ホログラム記録光学系………………………………………………………19
   2.6　ホログラムのディジタル記録の注意点……………………………………20
      2.6.1　撮像素子の画素サイズ…………………………………………………20
      2.6.2　撮像素子の記録面積……………………………………………………22

3. ホログラムの生成手法………………………………………………(粟辻安浩)…24
   3.1　フーリエ変換法………………………………………………………………24
      3.1.1　原　理……………………………………………………………………24
      3.1.2　フィルタリング…………………………………………………………27
   3.2　位相シフトディジタルホログラフィ………………………………………29

3.2.1　位相シフト法による不要像の除去……………………………29
　　3.2.2　3段階位相シフト法（3バケット位相シフト法）……………32
　　3.2.3　4段階位相シフト法（4バケット位相シフト法）……………33
　　3.2.4　2段階位相シフト法（2バケット位相シフト法）……………33
　　3.2.5　ランダム位相シフト法…………………………………………34
　　3.2.6　一般化位相シフト法……………………………………………35
　　3.2.7　位相シフトディジタルホログラフィ各方式の比較…………35
　3.3　単一露光位相シフトディジタルホログラフィ……………………36
　　3.3.1　位相シフトディジタルホログラフィで必要な複数のホログラムの
　　　　　単一露光記録方法………………………………………………36
　　3.3.2　参照光チルト単一露光位相シフトディジタルホログラフィ………38
　　3.3.3　並列位相シフトディジタルホログラフィ……………………39
　　3.3.4　ランダム位相参照光を用いた単一露光位相シフトディジタルホロ
　　　　　グラフィ…………………………………………………………41
　　3.3.5　ホログラム間位相シフト法……………………………………42
　　3.3.6　近傍画素間位相シフト法………………………………………43
　3.4　各手法の特徴…………………………………………………………44

4.　ディジタルホログラフィにおける再生計算………………（的場　修）…47
　4.1　連続系における光伝搬計算法の表現………………………………47
　　4.1.1　フレネル回折計算…………………………………………………47
　　4.1.2　角スペクトル伝搬計算……………………………………………50
　4.2　光波伝搬計算の離散表現……………………………………………51
　　4.2.1　3つの計算方法の概要……………………………………………51
　　4.2.2　コンボリューション計算の離散表現……………………………51
　　4.2.3　1回フーリエ変換計算の離散表現………………………………55
　　4.2.4　フレネル回折計算のまとめ………………………………………57
　　4.2.5　角スペクトル伝搬計算の離散表現………………………………58
　4.3　再生上のテクニック…………………………………………………61
　　4.3.1　再生面内での移動…………………………………………………61
　　4.3.2　ゼロパディングによる再生距離・再生像ピッチの調整………63

4.3.3　1回フーリエ変換法のカスケーディングによる画素ピッチ変換……64
　　　4.3.4　再生位置の探索………………………………………………………66
　　　4.3.5　その他…………………………………………………………………68
　4.4　まとめ…………………………………………………………………………68

5. ディジタルホログラフィの応用……………………………………………72
　5.1　工業計測応用………………………………………………（横田正幸）…72
　　　5.1.1　はじめに………………………………………………………………72
　　　5.1.2　照明光の波長変化による形状計測…………………………………74
　　　5.1.3　様々な形状計測方法…………………………………………………83
　　　5.1.4　変形計測………………………………………………………………89
　　　5.1.5　まとめ…………………………………………………………………98
　5.2　ディジタルホログラフィック顕微鏡とそのバイオ応用……(有本英伸)…99
　　　5.2.1　ディジタルホログラフィック顕微鏡の基本原理………………… 100
　　　5.2.2　ディジタルホログラフィック顕微鏡による計測例……………… 105
　　　5.2.3　低コヒーレンス光源の利用………………………………………… 115
　　　5.2.4　ディジタルホログラフィック顕微鏡のバイオ計測応用………… 118
　　　5.2.5　まとめ………………………………………………………………… 124

6. 将来展望とまとめ…………………………………………（早崎芳夫）… 128
　6.1　ディジタルホログラフィの実用化へ向けて……………………………… 128
　6.2　ディジタルホログラフィの実装の壁……………………………………… 128
　6.3　ディジタルホログラフィの実装…………………………………………… 129
　　　6.3.1　光学系の選定………………………………………………………… 129
　　　6.3.2　光源の選定…………………………………………………………… 131
　　　6.3.3　イメージセンサーの選定…………………………………………… 134
　　　6.3.4　コンピュータのハードウェアとソフトウェア…………………… 135
　　　6.3.5　実装形態と応用……………………………………………………… 135
　6.4　将来展望……………………………………………………………………… 137

索　　引……………………………………………………………………………… 139

1
はじめに

1.1 背　　景

　20世紀最後の数年で，個人で容易に入手できる小型ディジタルカメラ，ディジタル1眼レフカメラ，カメラ付き携帯電話が登場し，その後急速に高性能化した．写真は，フィルムで撮像・記録し，印画紙に現像して鑑賞されるものから，イメージセンサーで撮像し，ハードディスクや半導体メモリーに記録し，ディスプレイで鑑賞されるものに変わった．この技術革新は，写真を愛好する人の劇的な増加をもたらした．子供の運動会では，お母さんが焦点距離300 mmの長い望遠レンズをつけた1眼レフカメラを用いて写真を撮っている．レストランでは，出された料理の写真を撮っている．観光地に行けば，スマートフォンに長い棒を取り付け，自撮りと称して，背景に観光名所をいれて，自分たちの写真を撮っている．それらの自身の日常を撮った写真を，自身の開設するホームページやソーシャルネットワーキングサービス（SNS）を通じて，第三者に見せるという，新しい写真の楽しみ方が開発された．ユーザーは，イメージセンサーから外部サーバまでの情報の流れをほとんど意識することなく，簡便な操作で画像情報をやりとりする．この簡便操作とシームレスな情報フローは，電気的な画像記録を行うためのイメージセンサーの進歩だけでなく，オートフォーカスや画像処理，記録メディアなどの高性能化のおかげであるとともに，インターネットの発展とその利用法の革新であることは言うまでもない．

　筆者が鉄道写真を撮っていた小学生や中学生の時，入江泰吉にあこがれて寺社仏閣の写真を撮っていた高校生の時，36枚撮りのフィルム，現像とプリン

トで 1000 円以上だったので，シャッターを押すべきタイミングを慎重に選んで，写真 1 枚 1 枚を本当に大事に丁寧に撮っていた．今や，ユーザーは，写真を撮るための時間的な制約・スキルの制約に加えてコストの制約からも解放され，何の躊躇もなくシャッターを押すことができるようになった．さらに，動画撮影コストも最小化され，人は時にそれを楽しみ，幸にも不幸にもなり，市民全員がカメラマンであるような，新しい画像流通の世界が形成された．

　画像を取得することの時間とスキル，費用の最小化は，ホログラフィの研究分野においても同様な状況の変化を引き起こした．ディジタルホログラフィの研究は，ディジタルカメラの登場以前からあり，図 1.1(a) に示すようなデータフローで，CCD カメラで撮影されたアナログビデオ信号の画像をフレームメモリなどの画像キャプチャ装置でコンピュータに取り込むという方法であった．それらは，多くの研究開発用装置にあるように，高価，いくつかの装置の組み合わせとそれらの選択，少し高度なプログラミングスキルの要求と，画像を記録するだけで少なからずいくつかの障壁があった．しかし，今はどうだろうか．高いレベルの知識やスキル，多くの研究費を持っていなくても，予算に合わせてディジタルカメラを購入し，カメラソフトの操作だけで，ソフトウェアのスキルがほとんどなくても，図 1.1(b) に示すようなデータフローで，画像をいとも簡単に撮ることができる．このような状況のなか，ディジタルホログラフィの研究は，従来からの光学分野の研究者のほかに他分野の研究者も加わり，大学人に加えて企業人も交え，研究者人口の増加と拡がりを示している．

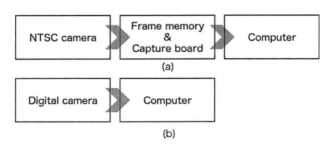

図 1.1　(a)　20 世紀末のディジタル画像取得プロセス，(b)　21 世紀初期のディジタル画像取得プロセス

1.2 ディジタルホログラフィと計算機ホログラフィ

ディジタルホログラフィ（digital holography：DH）や計算機ホログラフィ（computer-generated holography：CGH）等のホログラフィに関連する言葉の誤用・濫用が目立っているので，ここで再確認しておく．近年，半透明膜に映像を与えて，背景の映像とマージする映像技術やレーザーで発生したプラズマによるボリューム像を生成する映像技術を，ホログラフィと呼ぶことがある．「holography」は，「すべての」という意味の「holo」と「画法（graphy）」との組み合わせによりできた言葉であり，拡大解釈すれば，すべての画法を含むことになるので，間違いではないかもしれない．しかしそれらは，D. Gabor によって発明された，光学研究者が考えるホログラフィとは異なる．そこで，まず元来のホログラフィについて示す．ホログラフィについて記述された書籍は過去にたくさんあるので，ここでは，この本の主題であるディジタルホログラフィの導入としての記述だけに留めておく．なお，これは，ディジタルホログラフィと区別するために，アナログホログラフィと呼ばれることもある．

ホログラフィは，図 1.2 に示すように，記録，現像，再生のプロセスで構成される．

① 記録プロセス： レーザーから出射された光をビームスプリッターで分割し，一方を物体に照射し，物体から反射・散乱・透過してきた物体光と，分割したもう一方の基準の光となる参照光とが，光強度を記録できる媒体上で干渉され，光化学反応を介して，その媒体に干渉縞（ホログラム hologram）が記録される．物体光と参照光との干渉が必要なので，干渉性の高いレーザー光を 2 つに分けて，物体光と参照光にする方法が広く用いられている．近年では，干渉性の低いハロゲンランプや発光ダイオードも光源として利用されており，その物体光と参照光との配置も多様な方式が考案されている．

② 現像プロセス： 記録したホログラムが，化学的な処理によって記録媒体上に固定化される．

③ 再生プロセス： 媒体に記録されたホログラムが照明され，その照明光が元

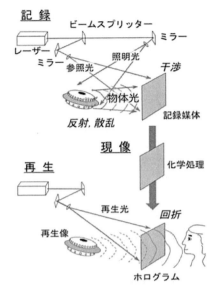

図1.2 ホログラフィにおける記録・現像・再生

の参照光と等しければ，ホログラムから物体光と同じ波面が再生される．

フォトリフラクティブ結晶など厚い記録媒体に記録されたホログラムでは，ブラッグ回折によって光入射方向に対して特定の回折光が再生される．厚いホログラムを使ったディジタルホログラフィの例がほとんどないので，本書では詳細を述べないが，興味ある方は，辻内順平『物理学選書22 ホログラフィー』（裳華房，1997）等の書籍を参考にしていただきたい．将来，厚いホログラムを記録できるようなイメージセンサーが実現されたら興味深いと考える．

ここで，話を用語の再確認に戻すと，図1.3に示すように，ディジタルホログラフィの記録プロセスは，ホログラフィと同様に光学系における干渉縞の記録により行われ，再生プロセスは，コンピュータでの干渉像から複素振幅像（ホログラム）の計算とその光伝搬計算により実行される．このプロセスは，光干渉計測で行われてきた干渉縞の記録と縞の解析と全く同じである．光干渉計測との差は，光伝搬計算の有無で区別されるが，言い方を変えれば，光干渉計測は，ディジタルホログラフィの回折計算の距離が0であるイメージホログ

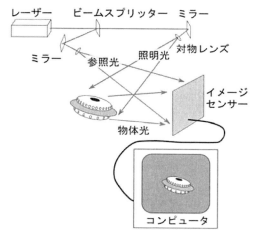

図 1.3 ディジタルホログラフィ

ラムともとらえることができる．また，これまで行われてきた光干渉計測のなかでは，光伝搬計算を伴う処理もなされており，その区別は曖昧である．概念的には，光干渉計測は位相分布を忠実に取得し，物体形状を計測することに最大の主眼が置かれるが，ディジタルホログラフィはその名の通り，多様な画像処理を許容する自由度があり，もはや計測の範疇を超えた撮像方法の一つである．

　混同しやすい言葉として，計算機ホログラフィがある．なお，ホログラフィックディスプレイの研究領域の研究者では，計算機ホログラフィを電子ホログラフィと呼ぶ場合がある．計算機ホログラフィは，記録プロセスであるホログラムの生成をコンピュータで行い，再生プロセスを空間光変調素子による光学系で実行する．電気信号を画像に変換するデバイスである空間光変調素子を用いることで時間的に可変なホログラムを再生できる．高回折効率なホログラムを実現するためには，位相変調型の空間光変調素子を必要とする．また，固定のホログラムは，電子ビームリソグラフィや光リソグラフィを用いてガラス等の基板上に形成される．ホログラフィとディジタルホログラフィ，計算機ホログラフィの実行プロセスを，表 1.1 にまとめる．ちなみに，すべてを計算機で実行する場合は，コンピュータグラフィックスとなる．

表1.1 ホログラフィにおける記録・現像・再生の実現方法

	記 録	現 像	再 生
ホログラフィ	光学系	写真乾板 化学反応	光学系
計算機ホログラフィ	コンピュータ	空間光変調素子 （電気光変換）	光学系
ディジタルホログラフィ	光学系	イメージセンサー （光電気変換）	コンピュータ

1.3　ディジタルホログラフィの処理プロセス

　ディジタルホログラフィをホログラフィと比較して理解するために，記録・現像・再生という3つのプロセスに分かれることを述べたが，ディジタルホログラフィの理解を容易にするために，図1.4に示すように，4つのプロセスを再編成する．その4つのプロセスとは，記録と現像プロセスを1つにまとめて，光学系を用いて物体からの光波を干渉像として記録する干渉像記録プロセス，再生プロセスを，記録された干渉像からホログラムを生成するホログラム生成プロセス，そのホログラムを光伝搬計算により再生するホログラム再生プロセスに分け，新たに，再生像の振幅や位相から物体の物理特性を取得する物体情報取得プロセスを加えた．以下に，それぞれの実行内容を示す．

①干渉像記録プロセス：
- 光学系を用いて物体からの反射・透過・散乱光（物体光）と参照光との干渉像をイメージセンサー上に生成する．
- 干渉像をイメージセンサーで撮像（光電変換）する．
- 光電変換された干渉像をコンピュータに転送する．
- 転送された干渉像をコンピュータ内のハードディスクや半導体メモリー等の記録メディアに保存する．

②ホログラム生成プロセス：
- 記録メディアに保存された，1枚または複数枚の干渉像からイメージセンサー面上の物体光の複素振幅像（ホログラム）を算出する．なお，アナログホログラムと同様に，撮像された干渉像をそのままホログラムとして使

図1.4　ディジタルホログラフィの4つのプロセス

用する場合もある．
- 必要に応じて，前もって取得された，物体のない状態での複素振幅像と物体のある状態での複素振幅との比（振幅は比，位相は差となる）をホログラムとする場合もある．これは，イメージセンサー面上の照明光の光強度分布や光学系に存在する波面の歪みを補正できるので，非常に有効な処理である．条件は，両方の干渉像取得において，強度分布や位相歪みに時間変化のないことである．

③ホログラム再生プロセス：　自由空間光伝搬計算（光伝搬計算）を主要な計算として，以下の計算を行う．ディジタルホログラフィでは，単純な光伝搬計算だけでない多様性を有しており，発想に自由を与える．
- 再生空間と物体空間の座標変換：結像光学系のある場合，横倍率と縦倍率を変換する．座標変化のために，前もって両者の関係を測定する場合がある．
- 収差・波面補正：変化のない波面の歪みは，前に示したように，事前の干渉像取得によって補正できるが，それらに時間変化のある場合，随時の取得像をもとにアダプティブに補正する．
- 空間周波数フィルタリング：画像から特定の空間周波数帯域の抽出やノイズ除去のために，空間周波数フィルタリングを行う．ホログラム取得時や光伝搬計算時に，高速フーリエ変換を実行するので，この処理に伴う新たな計算負荷の増大は少ない．
- 仮想光学系（顕微鏡）
- デコンボリューション，超解像処理，等

④物体情報取得プロセス：
- 位相像から位相アンラッピング処理により物体の形状を取得する．
- 振幅像から物体の透過率や反射率を取得する．

・多数の距離で再生された複素振幅像から3次元像を再構成する.

1.4 ディジタルホログラフィの特徴

　ディジタルホログラフィの特徴は，以下の3つに分類される．1番目は，物体計測技術として光を情報キャリアとすることに由来する，干渉計測が本来有する特徴である．2番目は，ディジタルホログラフィが，光学系と計算機の融合システムであることに由来する特徴である．3番目は，光学系がコンピュータの中に実現されることで，高い自由度を有するシステムであることに由来する特徴である．

①干渉計測が本来有する特徴：
- 並列計測（画像計測）：空間並列性による面情報の伝送と処理，画像情報の並列入力，並列処理，並列出力が可能である．
- 非接触性：光は自由空間中に情報を伝達できるため，測定対象に接触することなく計測できる．遠距離計測も可能である．
- 瞬時性，同時性：グローバルシャッターのイメージセンサーを用いれば，画像内で同時性が担保される．また．超短光パルスを光源とすれば，イメージセンサーのシャッター速度に依存しない，光パルスの幅で決まる瞬間的な像を取得できる．
- リアルタイム性：その時に，その場で，観測像を取得できる．
- 高い指向性：測定したい場所のみに光を照射し，計測できる．
- 2次元の空間周波数：撮像面で異なる方向の干渉縞（搬送波）を重畳することにより，空間周波数多重化が可能である．
- 広い時間周波数帯域：周波数帯域が極めて広く，波長多重化等の手法も可能であり，分光的手法や波長選択的手法により分子や原子の状態を取得し，制御できる．
- 生体安全性：比較的生体に対して安全である．
- 高い奥行き分解能：ナノメートルオーダーの高い奥行き分解能（縦分解能）を有する．通常の光学系で，波長の100分の1以下の縦分解能（ナノメートル分解能）を得ることは，難しいことではない．表面が平坦なら，

波長の数千分の1の縦分解能を得ることも可能である．
・横分解能：横分解能は，特別な工夫をしなければ，回折限界（波長）程度である．近年，回折限界を超える，多様な超解像技術が開発されている．

② 光学系・計算機融合システムであることの特徴：
・時間分解能と繰り返し：イメージセンサーの性能に依存した時間分解能と繰り返しを有する．イメージセンサーとコンピュータとの間の情報伝送は，電子回路の限界で決まるスループットがあるので，画素数と1画素のビット数，フレームレートの三者はトレードオフの関係を有する．超短パルス光源を用いることにより，1フレームの高速現象も取得でき，ポンプ・プローブ法を用いれば，擬似的に，連続像も取得できる．ダブルパルスレーザーを用いることにより，イメージセンサーのフレーム間の時間差を利用して，2フレームの連続撮影が可能である．
・高感度計測（微弱光下計測）：イメージセンサーの性能に依存した高感度性を有し，究極的には単一フォトンレベルの光強度でもディジタルホログラフィを実行可能である．
・画像処理：画像処理を含むソフトウェアの資源を利用できる．

③ 高自由度システムであることの特徴：
・結像光学系不要：結像のための光学系を必要としない．フォーカスはコンピュータの光伝搬計算で，撮像後に自由に調節できる．
・光学系の不具合を修正：ある程度の大きさの収差や波面の歪み，散乱は，画像処理によって除去できる．光学系の収差を前もって計測しておけば，光学系に大きな収差があっても，回折限界の画像を取得できる．
・任意の光学系をシミュレート：複素振幅を取得しているので，コンピュータの中で，任意の光学系をシミュレーションできる．例えば，明視野の干渉顕微鏡で画像を取得した場合でも，暗視野顕微鏡，位相差顕微鏡，微分干渉顕微鏡の像を計算できる．

1.5 主な応用

主な応用を以下に示す．

- 工業計測：製造ラインにおける製品モニタリング，工業製品の形状計測，形状計測をしながらのフィードバック加工，プロトタイプ作製の減数化，表面のナノ構造のインライン監視，液体面の計測，光電子フィードバックによる原子レベル制御，悪環境での精密計測
- 情報機器：光学系（高効率光学系，電子収差補正によるレンズ数の低減），可変レンズ，アクティブ老眼鏡，立体ディスプレイ，エンターテインメント，ヒューマンインターフェイス，ウェアラブル機器
- 流体計測：流れの可視化，微粒子計測，粉体計測，フローサイトメトリー
- 農業，食品：植物工場での生育のモニタリング，個体での細胞レベルでの生育観測，微生物の行動モニタリング，食品異物検査
- 健康：人間計測，健康モニタリング，感情計測
- バイオ研究：生体サンプルの機能計測・形状計測，細胞診断，組織診断，3次元顕微鏡，3次元内視鏡，生体表層の断層イメージング
- 物質の究極的計測と制御：バイオイメージング，原子・分子制御，量子制御，究極現象の光計測，ナノ粒子計測，超高速現象の観測

　ディジタルホログラフィは，以上のような多様な応用が考えられる．本書では，バイオ応用を想定したホログラフィック顕微鏡，流れ計測のための粒子計測，物品計測のための内管計測，塗装の乾燥過程の計測の例を通して，ディジタルホログラフィの実用化を考える．

1.6　本書の構成

　ディジタルホログラフィには，4つの必要なプロセスがあることを述べた．それぞれ，第2章で干渉像記録プロセス，第3章でホログラム生成プロセス，第4章で再生プロセスについて述べる．物体情報の取得は，対象や応用に依存するので，第5章で工業計測におけるディジタルホログラフィの適用と，バイオ応用におけるディジタルホログラフィック顕微鏡について示す．第6章ではディジタルホログラフィの実装と将来展望について述べ，本書の結びとする．

2

ディジタルホログラフィの基本原理

本章ではディジタルホログラフィへのイントロダクションとして，ホログラムのディジタル記録・再生について述べる．

ホログラフィ（holography）は物体からの光波の波面（振幅と位相）を感光材料（フィルム）に記録した後に，照明することによってもとの物体からの光波の波面（振幅と位相）を再生する写真技術のことである（図 1.2 参照）．現像された感光材料をホログラム（hologram）と呼ぶ．これに対して，普通の写真（photography）は物体からの光波の強度（振幅の 2 乗）を感光材料（フィルム）に記録し，感光材料を現像したものである．現在では普通の写真がフィルムからディジタルカメラによる電子記録に取って代わられたように，ホログラフィもフィルムに記録するのではなく CCD や CMOS などの電子媒体に記録する（この本の題そのものである）「ディジタルホログラフィ」が主流である．ディジタルホログラフィの理解には歴史のあるアナログホログラフィを理解することも重要であるが，アナログホログラフィに関しては他の専門書[1~6]に譲り，ここではディジタルホログラフィの基本原理であるディジタルホログラムの記録と再生について述べる．

2.1 光波の記録と再生

図 2.1 は物体から反射した光波のディジタル記録および再生の概念図である．物体 $u_o(x_o, y_o)$ からの光波は自由空間を伝搬して撮像素子（CCD や CMOS などの 2 次元イメージセンサー）まで到達する．このときの光波を $U_o(x, y)$ として表すと

$$U_o(x, y) = \mathcal{PR}[u_o(x_o, y_o)] \tag{2.1}$$

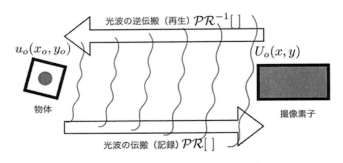

図 2.1 光波のディジタル記録と再生の概念図

と表すことができる．ここで $\mathcal{PR}[\cdot]$ は光波の自由空間伝搬を表す演算子である．$U_\mathrm{o}(x,y)$ をディジタルデータとして記録できれば，コンピュータを用いたディジタル再生をすることができる．ディジタル再生とは記録された光波 $U_\mathrm{o}(x,y)$ を逆伝搬し

$$u_\mathrm{o}(x_\mathrm{o}, y_\mathrm{o}) = \mathcal{PR}^{-1}[U_\mathrm{o}(x,y)] \tag{2.2}$$

を数値計算により得ることである．ここで $\mathcal{PR}^{-1}[\cdot]$ は光波のコンピュータによるディジタル自由空間逆伝搬を表す演算子である．

2.2 記　　録

物体から撮像素子に到達した光波 $U_\mathrm{o}(x,y)$ は振幅と位相から構成される複素振幅と呼ばれる物理量であり，そのまま撮像素子に記録することはできない．そこで，干渉計の利用が必要である．

図 2.2 はディジタルホログラムを記録する干渉光学系の概略図である．物体をコヒーレント[*1)]な光波で照明する．その反射光や散乱光，回折光を物体光（object wave）と呼び，その撮像素子 (x,y) 面における複素振幅分布を $U_\mathrm{o}(x,y)$ とする．物体光に照射した光波と同じ光源から発せられた別の光波（参照光（reference wave）と呼ぶ）の撮像素子上における複素振幅分布を $U_\mathrm{r}(x,y)$ とする．複素振幅分布 $U_\mathrm{o}(x,y)$，$U_\mathrm{r}(x,y)$ は

[*1)] コヒーレント，インコヒーレントについては 2.4 節で述べる．

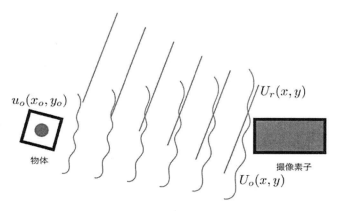

図 2.2 ディジタルホログラムを記録する光学系の概念図

$$U_o(x,y) = a_o(x,y)\exp[i\phi_o(x,y)] \tag{2.3}$$
$$U_r(x,y) = a_r(x,y)\exp[i\phi_r(x,y)] \tag{2.4}$$

のように振幅 $a_o(x,y)$, $a_r(x,y)$ および位相 $\phi_o(x,y)$, $\phi_r(x,y)$ を用いて表すことができる．これらの干渉縞を記録する．撮像素子上にできる干渉縞 $I(x,y)$ は

$$\begin{aligned}I(x,y) &= |U_o(x,y)+U_r(x,y)|^2 \\ &= |U_o(x,y)|^2 + |U_r(x,y)|^2 + U_o^*(x,y)U_r(x,y) + U_o(x,y)U_r^*(x,y)\end{aligned} \tag{2.5}$$

と表される．ここで，絶対値の 2 乗を求めているのは，撮像素子で記録されるのは複素振幅ではなく絶対値の 2 乗に比例する強度が記録されるからである．(2.5) 式に (2.3) 式と (2.4) 式を代入すると

$$I(x,y) = a_o^2(x,y) + a_r^2(x,y) + 2a_o(x,y)a_r(x,y)\cos(\phi_o(x,y)-\phi_r(x,y)) \tag{2.6}$$

となる．(2.6) 式の第 1 項および第 2 項は干渉縞の平均的な強度を表すもので，直流成分，あるいは，バイアスと呼ばれるものである．第 1 項は物体光が撮像素子面上に単独で到達した強度に等しく，第 2 項は参照光のそれに等しい．第 3 項が交流成分に相当する干渉縞で，物体光の振幅 $a_o(x,y)$ と位相 $\phi_o(x,y)$，および参照光の振幅 $a_r(x,y)$ と位相 $\phi_r(x,y)$ を含んでいることがわかる．特に，物体光の振幅 $a_o(x,y)$ と位相 $\phi_o(x,y)$ を含んでいることが重要である．なぜならこれら 2 つが物体光そのものを表しているからである．(2.6) 式は撮像素子に到達した光の強度であるが，この強度に比例して撮像素子が応答し，画像の濃淡データ（ディジタルホログラム）を形成する．すなわち，比例

図2.3 ディジタルホログラムの例

定数 γ を用いて

$$T(x,y) = \gamma I(x,y) + \mathrm{noise} \tag{2.7}$$

の濃淡データをもつディジタルホログラム（図2.3）ができる．noise は撮像素子で記録されるときに生じるノイズ成分である．

通常のディジタルカメラで記録するときのように参照光を使用せずに記録すると

$$\begin{aligned} I'(x,y) &= |U_\mathrm{o}(x,y)|^2 \\ &= a_\mathrm{o}^2(x,y) \end{aligned} \tag{2.8}$$

となり，物体光の振幅の2乗（強度）が記録されるだけで位相を記録することができない．

2.3 再　　生

図2.3に示すような (2.7) 式のディジタルホログラムをコンピュータ内で再生する．ただし，話をわかりやすくするためにノイズは無視する．さらに話を簡単にするために，記録時の参照光は撮像素子に垂直入射する平面波 $U_\mathrm{r}(x,y)=1$ とする．このとき，得られるディジタルホログラムは

$$T(x,y) = \gamma |U_\mathrm{o}(x,y)|^2 + \gamma + \gamma U_\mathrm{o}^*(x,y) + \gamma U_\mathrm{o}(x,y) \tag{2.9}$$

となる．これをコンピュータ内で数値回折積分により物体のもとの位置まで伝搬計算（逆伝搬）を行うと

$$t(x_\mathrm{o}, y_\mathrm{o}) = \mathcal{PR}^{-1}[T(x,y)]$$

図 2.4 ディジタルホログラムの再生例 $t(x_\mathrm{o}, y_\mathrm{o})$

$$
\begin{aligned}
&= \mathcal{PR}^{-1}[\,\gamma |U_\mathrm{o}(x,y)|^2 + \gamma + \gamma U_\mathrm{o}^*(x,y) + \gamma U_\mathrm{o}(x,y)\,] \\
&= \mathcal{PR}^{-1}[\,\gamma |U_\mathrm{o}(x,y)|^2\,] + \mathcal{PR}^{-1}[\,\gamma\,] \\
&\quad + \mathcal{PR}^{-1}[\,\gamma U_\mathrm{o}^*(x,y)\,] + \mathcal{PR}^{-1}[\,\gamma U_\mathrm{o}(x,y)\,]
\end{aligned} \quad (2.10)
$$

となり,図2.4が得られる.物体の像以外にも不要なものが含まれていることがわかる.

必要なものと不要なものを明らかにするために,ディジタルホログラムに含まれる項に注目する.(2.10)式の右辺の項を

$$t_1(x_\mathrm{o}, y_\mathrm{o}) = \gamma \mathcal{PR}^{-1}[\,|U_\mathrm{o}(x,y)|^2\,] + \gamma \mathcal{PR}^{-1}[\,1\,] \quad (2.11)$$

$$t_2(x_\mathrm{o}, y_\mathrm{o}) = \gamma \mathcal{PR}^{-1}[\,U_\mathrm{o}^*(x,y)\,] \quad (2.12)$$

$$t_3(x_\mathrm{o}, y_\mathrm{o}) = \gamma \mathcal{PR}^{-1}[\,U_\mathrm{o}(x,y)\,] = \gamma u_\mathrm{o}(x_\mathrm{o}, y_\mathrm{o}) \quad (2.13)$$

とおく.γ は定数であるので,逆伝搬演算子の外に出している.これらの意味するところは以下の通りである.$t_1(x_\mathrm{o}, y_\mathrm{o})$ は,物体光の強度 $|U_\mathrm{o}(x,y)|^2$ と参照光の強度 1 の和の逆伝搬に定数が乗じられたものであり,図2.5に相当する.中央の矩形が $\gamma \mathcal{PR}^{-1}[1]$ であり,その周りのぼんやりしたものが $\gamma \mathcal{PR}^{-1}[|U_\mathrm{o}(x,y)|^2]$ である.干渉を用いずに,物体光の強度のみを記録した場合((2.8)式で表される)に再生を行うとこのぼんやりとしたものが得られ,物体像を得ることはできない.$t_2(x_\mathrm{o}, y_\mathrm{o})$ は,物体光の複素共役 $U_\mathrm{o}^*(x,y)$ の逆伝搬に定数 γ が乗じられたものであり,図2.6に相当する共役像が得られる.$t_3(x_\mathrm{o}, y_\mathrm{o})$ は,物体光 $u_\mathrm{o}(x,y)$ そのものに定数 γ が乗じられたものであり,図2.7の物体像となる.

$t_1(x_\mathrm{o}, y_\mathrm{o})$ と $t_2(x_\mathrm{o}, y_\mathrm{o})$ と $t_3(x_\mathrm{o}, y_\mathrm{o})$ は図2.4からわかるように空間的に重な

図 2.5 ディジタルホログラムの再生例：0 次光の再生 $t_1(x_o, y_o)$

図 2.6 ディジタルホログラムの再生例：共役光の再生 $t_2(x_o, y_o)$

図 2.7 ディジタルホログラムの再生例：物体光の再生 $t_3(x_o, y_o)$

り合うことがあり，ディジタルホログラフィを用いて物体を記録する場合には分離する必要がある．物体光と参照光の角度を適切にすれば重なり合うことはない[*2)]が，後に述べるように角度には上限があることに注意しなければならない．物体光と参照光の角度が 0 に近い場合は軸上ホログラフィ（in-line ホログラフィ，on-axis ホログラフィともいう）であるが，第 3 章で述べる位相シフト法を用いると，$t_1(x_o, y_o)$ と $t_2(x_o, y_o)$ が寄与する不要な光を除去することができる．すなわち，$t_3(x_o, y_o)$ のみを取り出す手法が位相シフトホログラフィである．

[*2)] この場合は軸外ホログラフィ（off-axis ホログラフィともいう）．

2.4 光　　源

　ホログラムは2.1節で述べたように，物体光と参照光の干渉を利用して記録するため，一般には可干渉性の高い光源（高コヒーレント光源）が必要である．よく用いられる高コヒーレント光源には，He-Neレーザー（波長632.8 nm）などがある．第5章で述べるように，用途によっては可干渉性の低い光源（低コヒーレント光源）が用いられる．両者の大きな違いは，物体光と参照光が干渉するために必要な光路差の許容範囲である．高コヒーレント光源の場合には，物体光と参照光の光路差が数 cm から数十 cm 程度であっても干渉しホログラムが得られる．図2.8は物体光と参照光の光路差と干渉縞の強度の関係を示した図で，光路差が大きくなった場合にも干渉縞（ホログラム）が得られ，物体光を記録・再生できることを表している．図2.8のホログラムに物体光がどれくらい記録されているかを示す目安となる指標にコントラストがある．コントラスト V は（2.6）式の最大値 $I_{\max}$ と最小値 $I_{\min}$ を用いて

$$V = \frac{I_{\max} - I_{\min}}{I_{\max} + I_{\min}} \tag{2.14}$$

で表され，0から1の値をとる．1に近いほど物体光が多く記録されている目安となる．

$$I_{\max} = a_o^2(x, y) + a_r^2(x, y) + 2a_o(x, y)a_r(x, y) \tag{2.15}$$
$$I_{\min} = a_o^2(x, y) + a_r^2(x, y) - 2a_o(x, y)a_r(x, y) \tag{2.16}$$

であるので，

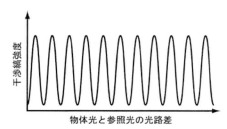

図 2.8　高コヒーレント光源を用いたときの物体光と参照光の光路差と干渉縞強度の関係

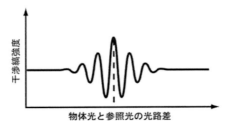

図 2.9 低コヒーレント光源を用いたときの物体光と参照光の光路差と干渉縞強度の関係

$$V = \frac{2a_\mathrm{o}(x,y)a_\mathrm{r}(x,y)}{a_\mathrm{o}^2(x,y)+a_\mathrm{r}^2(x,y)} \quad (2.17)$$

となる．$V=1$ となるのは $a_\mathrm{o}(x,y)=a_\mathrm{r}(x,y)$ のときであり，物体光と参照光の強度が等しいときである．

　これに対し，低コヒーレント光源の場合は，物体光と参照光の光路差がわずか数 μm（光源による）の場合にのみ干渉縞が得られるにすぎない．よく用いられる低コヒーレント光源にはスーパールミネッセントダイオード（SLD）や発光ダイオード（LED）などがある．図 2.9 は物体光と参照光の光路差と干渉縞の強度の関係を示した図で，光路差が少しばかり大きくなっただけでも干渉縞が得られないことを表している．干渉縞が得られないということは，(2.5) 式の右辺第 3 項と第 4 項が 0 となり，もはやホログラムは得られなくなり物体光を再生することができないということである．ただし，このことは裏を返せば，物体光を再生できるのは物体光と参照光の光路長がほぼ等しいときに限定されるということであり，この特徴を活かした計測応用が多数提案され，その例が 5.1 節に述べられている．

　表 2.1 にディジタルホログラフィによく用いられる代表的な光源とそのコヒーレンス長を示す．コヒーレンス長とは，光源の可干渉距離のことであり，物体光と参照光の光路差をこの距離以内に設定する必要がある．干渉の容易さだけを考える場合はコヒーレンス長の長い光源が適しているが，コヒーレンス長の長い光源の場合はスペックルと呼ばれる斑模様が発生しやすいなどの短所もあり，取り扱いには注意が必要である．

表 2.1 ディジタルホログラフィによく用いられる光源とそのコヒーレンス長

種　類	コヒーレンス長
He-Ne レーザー	数十 cm
半導体レーザー (LD)	数 cm
スーパールミネッセントダイオード (SLD)	数十 μm
発光ダイオード (LED)	数 μm

2.5　ホログラム記録光学系

　ホログラムを記録するためには，干渉計が必要である．干渉計測の分野では様々な干渉計が提案されている．ここでは，ホログラムの記録に用いられる代表的な干渉計を 2 つ紹介する．

　透過物体の場合は，物体を光波が通過するように図 2.10 に示すようなマッハ-ツェンダー型の干渉計が用いられる．光源直後のレンズは光波を広げて物体の広い範囲を照明するために用いられる．この干渉計は光源，レンズ，撮像素子以外にビームスプリッター 2 つとミラー 2 つから構成される．ビームスプリッター 2 つとミラー 2 つで長方形を構成するように配置すれば，物体光と参照光の光路長はほぼ等しくなる．片方の光路に透明物体を挿入して使用する．透明物体で光波の反射や吸収がないものと仮定すると，物体光と参照光の強度はほぼ等しくなり，コントラストの高いホログラムが得られる．

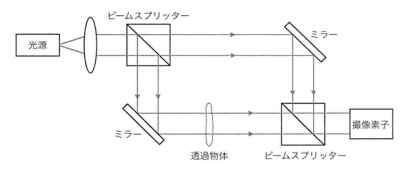

図 2.10　透過物体の記録方法

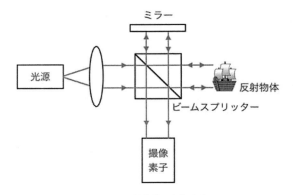

図 2.11　反射物体の記録方法

　一方，反射物体の場合は，物体からの反射光が撮像素子に届くように図 2.11 に示すようなマイケルソン型の干渉計が用いられる．マッハ–ツェンダー型の干渉計ではビームスプリッター 2 つとミラー 2 つが必要であったが，マイケルソン型の干渉計ではビームスプリッターとミラーがそれぞれ 1 つだけでよく，光学系の調整は比較的容易である．ただし，反射物体の反射率が 100% であることはまれであり，また反射物体に照射された光波は物体が鏡面でない限り散乱するため，物体光の強度は参照光の強度よりも小さくなる．そのためミラーとビームスプリッターの間で光波の強度を減少させる必要があり，ND フィルタのような減衰フィルタが用いられることが多い．減衰フィルタを用いると撮像素子に到達する光の強度は小さくなり，ホログラムの強度そのものが小さくなる．結果的に，(2.7) 式のノイズを無視できなくなる場合もあることに注意が必要である．

2.6　ホログラムのディジタル記録の注意点

2.6.1　撮像素子の画素サイズ

　(2.5) 式で表されるホログラムを撮像素子に記録できるかどうかを考える．簡単のため物体光 $U_o(x,y)$ と参照光 $U_r(x,y)$ をともに振幅が a の平面波とし，参照光は撮像素子に垂直に入射し，物体光は入射角 θ で撮像素子に入射すると

2.6 ホログラムのディジタル記録の注意点

する．このときこれらの光波は，撮像素子で

$$u_o(x,y) = a \exp\left[i\frac{2\pi}{\lambda}\sin\theta \cdot x\right] \tag{2.18}$$

$$u_r(x,y) = a \tag{2.19}$$

と複素振幅がそれぞれ表される．ここで λ は光源の波長である．このときにできる干渉縞 $I(x,y)$ は

$$I(x,y) = 2a^2 + 2a^2\cos\left(\frac{2\pi}{\lambda}\sin\theta \cdot x\right) \tag{2.20}$$

で与えられ，その周期 Λ は波長 λ と物体光の入射角 θ を用いて

$$\Lambda = \frac{\lambda}{\sin\theta} \tag{2.21}$$

で与えられる．He-Ne レーザーを用いたときの物体光の入射角と干渉縞の周期の関係を表したものが図 2.12 である．撮像素子の 1 画素の大きさが 5 μm であったとする．このとき，記録できる干渉縞の周期は 10 μm（サンプリング定理から画素の大きさの 2 倍）であり，この図からホログラムが記録できるのは θ が 3.6° 以下のときであることがわかる．すなわち，撮像素子を用いてディジタルホログラムを記録するためにはわずか数°以下の入射角になるように物体を配置しなければならない．撮像素子の近くに配置する場合は小さい物体を用いなければならない．例えば 10 cm 離れた位置に配置するとすれば，物体の大きさは 6.3 mm 以下に限定される．比較的大きな物体を用いる場合は，撮像素子から離れた位置に配置しなければならない．例えば 3 cm の大きさの物体を配置する場合は約 50 cm の位置に配置する必要がある．物体と撮

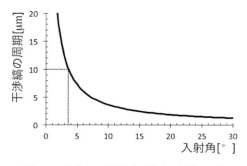

図 2.12 物体光の入射角と干渉縞の周期の関係

像素子が離れているということは，撮像素子に到達する物体光の強度が小さくなることを意味する．この場合も，(2.7) 式のノイズを無視できなくなる場合もあることに注意が必要である．

撮像素子の画素の大きさで決まるため，画素の小さな撮像素子があれば入射角は大きくできるが，入手可能な撮像素子で1画素の大きさの小さなものでも$2\,\mu\mathrm{m}$程度であり，この場合も記録可能な角度は$9°$程度である．やはり，それほど入射角は大きくできない．

古典的なフィルムを用いたホログラムではフィルムの解像度が$1000\,\text{本}/\mathrm{mm}$であることも珍しくなく，この場合は入射角は$40°$近くになる．ディジタルホログラフィで大きな物体を記録することが困難な理由の一つが，解像度（撮像素子（画素）の大きさ）がフィルムほど高くないことである．次章で解説する位相シフト法を導入した位相シフトディジタルホログラフィを用いると，この困難さはある程度緩和される．

2.6.2 撮像素子の記録面積

2.6.1 項では，撮像素子の1画素の大きさが小さいほど細かな干渉縞まで記録できることを述べた．ホログラムをディジタル記録する場合に，古典的なフィルムに比べて注意すべき点が他にもある．それは撮像素子の記録面積である．フィルムは$10\,\mathrm{cm}\times 13\,\mathrm{cm}$程度の大きさになるが，撮像素子の場合はせいぜい数$\mathrm{mm}$四方である．この大きさの違いが再生像の視差となって現れる．フィルムのホログラムの再生像は覗き込むフィルムの位置によって再生像の視

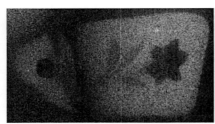

(a)ディジタルホログラムの左端の一部分からの再生像

(b)ディジタルホログラムの右端の一部分からの再生像

図 2.13　ディジタルホログラムから得られる視差画像

差が異なる運動視差を実感できるが，ディジタルホログラムの場合はほとんど感じることができない．例えば，図 2.13 はディジタルホログラムの左右のそれぞれ一部分を用いて再生された像である．わずかに視差がついている（およそ 1°）が，ほとんど感じることはできない．

問　　題

2.1　(2.6) 式を導きなさい．
2.2　(2.20) 式を導きなさい．
2.3　解像度が 500 本/mm であるフィルムを用いた場合，記録可能な干渉縞の入射角を求めなさい．ただし，光源の波長は 633 nm とする．

解　答　例

2.1　略
2.2　略
2.3　解像度が 500 本/mm であるフィルムを 1 画素の 2 μm の撮像素子と考えると，記録可能な干渉縞の周期はサンプリング定理より，4 μm である．(2.21) 式より，

$$\begin{cases} \sin\theta = 633\times 10^{-9} \div 4\times 10^{-6} \\ \theta = 9.1° \end{cases}$$

である．

文　　献

1) 久保田敏弘：新版　ホログラフィ入門―原理と実際―，朝倉書店 (2010).
2) 村田和美：ホログラフィー入門，朝倉書店 (1976).
3) 村田和美：光学（サイエンスライブラリ物理学 9），サイエンス社 (1979).
4) J. W. Goodman：*Introduction to Fourier Optics* (2nd ed.), McGraw-Hill (1996).
5) P. ハリハラン著，吉川　浩，羽倉弘之訳：ホログラフィーの原理，オプトロニクス社 (2004).
6) E. ヘクト著，尾崎義治，朝倉利光訳：ヘクト光学III，丸善 (2003).

3

ホログラムの生成手法

ディジタルホログラフィでは，ホログラムを生成する方法がいくつか考案されている．本章では，ホログラムの生成として代表的な手法であるフーリエ変換法，位相シフトディジタルホログラフィ，単一露光位相シフトディジタルホログラフィについて述べる．

3.1 フーリエ変換法

フーリエ変換法は，1982年に武田らによって提案された[1]．この方法では，電波工学などに用いられる信号理論における時間と周波数の関係を空間と空間周波数の関係に適用して，干渉縞画像から所望の信号成分のみを抽出する．干渉縞画像をフーリエ変換して縞解析することで，off-axis型の配置で得られた1枚のホログラムから物体光の成分のみを抽出できる．

3.1.1 原　　理

フーリエ変換法の手続きの概略を図3.1に示す．物体光に対し参照光の光軸を傾ける off-axis型（別名：軸外し型）の配置では，空間的な搬送波周波数が重畳された状態で干渉縞画像 $I(x,y)$ が撮像素子で記録される．搬送波の空間周波数は，光源の波長ならびに物体光の伝搬方向に対する参照光が伝搬する方向のなす角度によって決まる．得られた干渉縞画像に対し，2次元フーリエ変換 FT[·] を行い，空間周波数面に展開する．その結果，非回折光（別名：0次回折光），物体光，共役像（別名：ツインイメージ）の計3つの空間スペクトルが現れる．この3つのスペクトルは，搬送波周波数に応じて，周波数空間において離れた位置に現れ，物体光の伝搬方向に対する参照光が伝搬する方向

3.1 フーリエ変換法

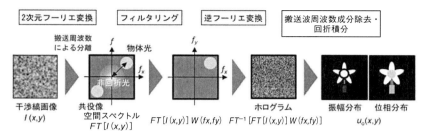

図 3.1 フーリエ変換法の手続きの概略

のなす角度を大きくすることで分離できる．一般には，物体光を撮像素子に対してほぼ垂直に入射させて，参照光を平面波（平行光）として，撮像素子面に対して傾けて入射させることで実現される．記録する物体光波の帯域を光学系により制限しておき，十分な角度をもって干渉縞画像を記録することで，3つのスペクトルを完全に分離できる．空間周波数面で分離された3つの空間スペクトルに対し，物体光の成分のみを残しフィルタリングすることで，所望の光波成分のみを含むホログラムが得られる．ホログラムを $H(x,y)$ とすると，次式で書ける．ここで，フィルタ関数を $W(f_x, f_y)$ で表している．

$$H(x,y) = \mathrm{FT}^{-1}\left[\mathrm{FT}\left[I(x,y)\right]W(f_x,f_y)\right](x,y) \tag{3.1}$$

フィルタリング後，2次元逆フーリエ変換 $\mathrm{FT}^{-1}[\,\cdot\,]$，搬送波周波数成分除去，回折積分計算の処理により，物体光の複素振幅分布 $u_\mathrm{o}(x,y)$ を得る．回折積分については，第4章で解説されている手法が用いられる．例えば，フレネル回折積分を用いる場合は，次式で計算できる．ここで，C は定数，z は計算で求める複素振幅分から撮像素子までの距離（再生距離と呼ばれる），λ は記録に用いる光の波長を，i は虚数単位を表す．

$$u_\mathrm{o}(x,y) = C\iint_{-\infty}^{\infty} H(x',y')\exp\left[i\pi\frac{(x-x')^2+(y-y')^2}{\lambda z}\right]dx'dy' \tag{3.2}$$

フーリエ変換法の実験において各手続きで得られた結果を図3.2に示す．

off-axis 型の配置をとるホログラフィにおいて，非回折光，共役像を完全にフィルタリングして物体光の成分のみを抽出するには，物体光波を構成する空間周波数帯域をある値にまで制限し，搬送波周波数，すなわち参照光の撮像素子への入射角度をある値よりも大きくする必要がある．物体光と共役像で空間

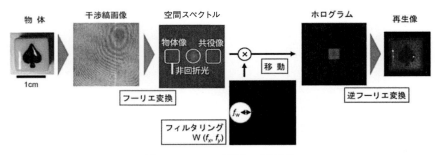

図 3.2　フーリエ変換法の実験結果

スペクトル分布の最大空間周波数は等しい．非回折光成分は空間周波数面で自己相関の形で物体光の 2 倍の広がりをもつ．また，共役像の空間スペクトルは原点を中心として物体光と対称の形をとる．一方，ホログラフィック乾板を用いる従来のホログラフィとは異なり，エイリアシングなしに撮像素子で記録可能な干渉縞の周期は $2d$ までとなり解像可能な上限がある．ここで，d はイメージセンサーの画素間隔を表す．そのためエイリアシングが発生しない上限をふまえると，最大角度は $\sin^{-1}(\lambda/2d)$ となる．以上の条件，上限を考慮すると，記録可能な物体光の空間周波数帯域が導出される．顕微鏡システムなどに見られる円形の絞りを用いて記録する空間情報量の上限を定める場合を一例に挙げ，幾何的に帯域を導出することを考える[2]．このとき図 3.3 のような配置を幾何的にとることができ，参照光を 1 次元，2 次元方向に傾けたとき，それぞれ f_{1D}, f_{2D} として，

$$f_{1D} = \frac{1}{8d} \tag{3.3}$$

$$f_{2D} = \frac{1}{(2+3\sqrt{2})d} \tag{3.4}$$

となる．本来，撮像素子が $1/(2d)$ の空間周波数の干渉縞まで記録できることを考えると，参照光を 2 次元的に傾けたとき，半径比，面積比で撮像素子の記録可能な帯域の約 1/3, 1/9 までを利用できることが定量的に示せる．

　非回折光成分の空間スペクトルの広がりは，参照光が平行光であるとき物体光強度によるものである．そのため，物体光強度を参照光強度に比べ著しく低くしたときに近似的に無視できる[3]．しかしながら，そのような条件を導入す

3.1 フーリエ変換法

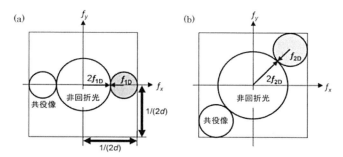

図 3.3 off-axis 型における物体光波の記録に利用可能な空間周波数帯域
(a) 参照光を1次元方向に傾けたとき，(b) 2次元方向に傾けたとき

るとディジタル記録の際に，干渉縞の記録に利用可能なダイナミックレンジも低下するため，結果として画質劣化する問題がある．近年では，off-axis 型の配置で記録可能な空間周波数帯域を拡張する試みが報告されている[3, 4]．

3.1.2 フィルタリング

前項の通りの帯域配置をとれば物体光の成分のみを抽出できる．抽出するためのフィルタとして，種々の窓関数が適用できる．しばしば用いられる窓関数の概略を図 3.4 に示す．

(x, y) 座標に置かれた物体に対する，物体光の空間周波数面の座標を (f_x, f_y)，撮像素子に斜入射する参照光の傾きによる空間搬送波周波数を $(f_{\theta x}, f_{\theta y})$，フィルタの窓関数を $W(f_x, f_y)$，フィルタで通過させる範囲を f_W

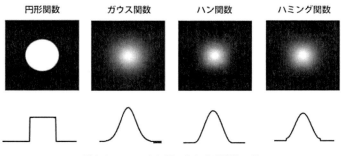

図 3.4 フィルタに用いられる窓関数の例

とする．最も簡単な例として，円形関数の場合は次のようになる．

$$W(f_x, f_y) = \begin{cases} 0 & f_w > \sqrt{(f_x - f_{\theta x})^2 + (f_y - f_{\theta y})^2} \\ 1 & f_w \leq \sqrt{(f_x - f_{\theta x})^2 + (f_y - f_{\theta y})^2} \end{cases} \quad (3.5)$$

f_w の値はフィルタリングの際に決定する．

　図3.3(b)の帯域内に収まるように光学系を適切に設計し，$f_w = f_{2D}$ とすると，記録された物体光のすべてを抽出し不要な像成分をすべてフィルタリングできる．フィルタリングした結果を，窓関数の中心が原点にくるように移動させる．

　実際には，外部からの光など干渉に寄与しない迷光，撮像素子の暗電流によるノイズの成分などが空間周波数面に分布する．空間周波数面で円形関数のフィルタを導入すると，迷光，ノイズによるバイアスからフィルタ境界でエッジが立ち，再生像面で画質が劣化する場合がある．そこで，フィルタの境界を緩やかに変化させたり滑らかにすることで劣化を抑えられる．このようなフィルタの例としてガウス（Gauss）関数やハン（hann）関数，ハミング（hamming）関数に基づくフィルタが多用される．

　ガウス関数は，誤差関数として知られ，指数関数の肩が変数の2乗に負号を付した関数である．簡単のために1次元で記すと次のようになる．ただし，σ はガウス関数の広がりの特徴を表す分散である．

$$W(f_x) = \exp[-(f_x/\sigma)^2] \quad (3.6)$$

ハン関数は，余弦関数がすべての値を正数になるように定数を加えて，原点を中心として1周期分を切り出した関数である．ガウス関数よりも，高周波数成分をより多く再生する特徴がある．1次元で記すと，次のようになる．

$$W(f_x) = 0.5 - 0.5 \cos(2\pi f_x) \quad (3.7)$$

ハミング関数は，ハン関数に対して正の定数をバイアスとして加えた関数である．ハン関数よりも周波数分解能が高い．1次元で記すと，次のようになる．

$$W(f_x) = 0.54 - 0.46 \cos(2\pi f_x) \quad (3.8)$$

これらのフィルタでは，境界を緩やかにしたり，滑らかにするフィルタを用いると境界で著しい不連続がなくなるため，再生像の劣化を抑えられる．ただし，帯域いっぱいに物体光波を記録しようとすると物体光波成分も一部減衰さ

せてしまう．そのため，物体光成分と劣化抑制のどちらを優先するかの選択が必要になる．

3.2 位相シフトディジタルホログラフィ

前章で述べたフーリエ変換法では，空間周波数面で不要像をフィルタリングすることで所望の像のみを得る．この方法では，記録できる物体のサイズと物体の最大空間周波数との積である空間帯域積が狭くなるという問題がある．この問題を解決し，物体のより多くの情報を記録できる方法として，位相シフトディジタルホログラフィが考案された．本節では，位相シフトディジタルホログラフィとその実現方法について説明する．

3.2.1 位相シフト法による不要像の除去

ホログラフィック乾板を用いた従来のホログラフィでは，1 mm あたり数千本存在する細かいピッチの干渉縞を記録できる．一方，ディジタルホログラフィでは，ホログラムの記録に撮像素子を用いており，現在の撮像素子の画素間隔は 1 μm〜数 μm，高速度カメラの場合は一般に数 μm 以上である．そのためディジタルホログラフィでは，従来のホログラフィのように記録用乾板に対する参照光の入射角度を大きく設定できない．

画素間隔を d_{pixel}，光源のレーザー光の波長を λ とする．また，撮像素子に対して物体光は垂直に，参照光は角度 θ_r で入射する場合を考える．この場合，撮像素子で干渉縞を解像するには，

$$\theta_r < \sin^{-1}\left(\frac{\lambda}{2d_{\mathrm{pixel}}}\right) \tag{3.9}$$

である必要がある．例として λ=532 nm とすると，d_{pixel} と θ_r の最大値 θ_{r_max} の関係は表 3.1 になる．

表 3.1 off-axis 型ディジタルホログラフィにおける画素間隔と参照光の入射角度の最大値との関係

d_{pixel} (μm)	1	5	10	20
θ_{r_max} (°)	15	3.1	1.5	0.76

撮像素子に対して参照光の入射角度を大きくしすぎると，所望の像が非回折光や共役像に重畳したり，所望の像を非回折光から分離して記録できる範囲が狭くなったりする．その結果，物体の記録可能範囲が狭くなったり，細かな構造を正確に記録できなくなるという問題が生じる．

撮像素子を用いて細かい干渉縞を記録するために，物体光と参照光がともに撮像素子にほぼ垂直に入射する光学配置をとることがしばしば行われる．この配置をもつホログラフィは，in-line ホログラフィと呼ばれる．in-line ホログラフィでは，記録可能範囲を広げられたり，細かな構造を記録できるという特長がある．一方，不要な像が所望の像に重畳するために，正確な所望像を得られないという問題が生じる．次に，この問題について述べる．

物体光の複素振幅を u_o，参照光の複素振幅を u_r とすると記録されるホログラム I は次のように表される．

$$I = |u_o + u_r|^2 \tag{3.10}$$

このホログラムを参照光と同じ光を照明することにより再生される光の複素振幅分布は次式で表される

$$u_c = I u_r = |u_o + u_r|^2 u_r = |u_o|^2 u_r + |u_r|^2 u_r + |u_r|^2 u_o + u_r^2 u_o^* \tag{3.11}$$

ただし，* は複素共役を表す．第1項は物体光強度によって変調された再生のために用いられる照明光で，定数倍された第2項は再生照明光を表している．これらはともに回折されない光であり，非回折光（0次回折光）と呼ばれる．第3項が物体光を表し，第4項は物体光の複素共役波であり，共役像（ツインイメージ）である．in-line ホログラフィの場合について，図3.5にそれぞれの再生像を示す．物体光として所望の像は第3項である．記録されたホログラムに参照光と同じ光で照明すると，所望の像のほかに不要な像として非回折光と共役像も再生されてしまう．撮像素子に対する参照光の入射角度が小さい場合は非回折光と共役像が所望の像に重畳してしまい，その結果，正確な物体光を検出できないという問題が生じる．

この問題を解決する方法として，位相シフトディジタルホログラフィが考案された[5, 6]．位相シフトディジタルホログラフィでは，物体光が変化しない間に，参照光の位相を複数回変化させたホログラムを記録する．記録された複数のホログラムから，物体光のみの複素振幅分布を算出できる．参照光の位相を

$$I = |u_o|^2 u_r + |u_r|^2 u_r + |u_r|^2 u_o + u_r^2 u_o^*$$

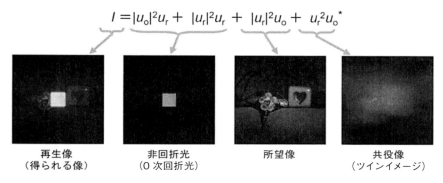

図 3.5　ホログラムからの再生像を構成する各成分

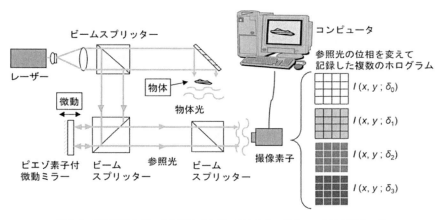

図 3.6　圧電素子を用いた位相シフトディジタルホログラフィの光学系の一例

シフトさせるには，いくつかの方法が考えられている．図 3.6 のように圧電素子（ピエゾ素子）でミラーの位置を微動することで，光路長を変化させて参照光の位相をシフトする方法[5, 6]や，波長板を回転させる方法[7]，電気光学結晶に与える電圧を変化させる方法[8]などがある．圧電素子や波長板を用いる場合は装置が簡便かつ安価であるが，光路長を変化させるには機械的動作が必要となり，相当の時間を要する．一方，電気光学結晶を用いると高価ではあるが，機械的動作が不要なので高速に光路長を変化させられる．

物体光の複素振幅分布を算出するには，位相のシフトの段階数として 3 が必

要十分である．逐次的に複数のホログラムを記録するために，位相シフトに使用する素子の再現性や制御方法によっては，記録するホログラム間で生じる測定のばらつきの影響が生じる．この影響を抑えるために，シフト段階数が5以上で記録される場合もある．しかしながら，段階数を増やすとその間で物体が静止していなければならない時間が長くなるという問題がある．実施の容易さと計測精度の両立という面から，位相シフトディジタルホログラフィでは4段階の位相シフト法がしばしば採用される．また，複数枚のホログラムの記録に要する時間を短縮するために，記録に条件を加えることで位相シフトの段階数を2に低減する方法が提案されている．

以下では，物体光の複素振幅分布，強度分布，位相分布をそれぞれ $u_o(x,y)$, $a_o(x,y)$, $\phi_o(x,y)$, 参照光の複素振幅分布，強度分布，位相分布をそれぞれ $u_r(x,y)$, $a_r(x,y)$, $\phi_r(x,y)$ で表して述べる．

3.2.2　3段階位相シフト法（3バケット位相シフト法）

不要な像が重畳しないように物体光の位相と振幅分布を求めるには，位相シフトの段階数として必要十分な数は3である．この値を採用した3段階位相シフト法（別名：3バケット位相シフト法）[6]では，位相を段階的にシフトさせたホログラムを3枚記録する．このとき，

$$u_r(x,y) = a_r(x,y)\exp[i\phi_r(x,y)] \tag{3.12}$$

$$u_o(x,y) = a_o(x,y)\exp[i\phi_o(x,y)] \tag{3.13}$$

参照光の位相を δ シフトさせて記録したホログラムを $I(x,y;\delta)$ とすると，

$$\begin{aligned}I(x,y;\delta) &= |u_r(x,y)\exp(i\delta) + u_o(x,y)|^2 \\ &= |u_r(x,y)|^2 + |u_o(x,y)|^2 \\ &\quad + u_r(x,y)^* u_o(x,y)\exp(-i\delta) + u_r(x,y)u_o(x,y)^*\exp(i\delta)\end{aligned} \tag{3.14}$$

一例として参照光の位相を0°，120°，240°に変化させた場合について述べる．それぞれで記録したホログラムを $I_1(x,y), I_2(x,y), I_3(x,y)$ とする．また，初期位相を0とすると，

$$u_o(x,y) = \frac{1}{6u_r^*}\{[2I_1(x,y) - I_2(x,y) - I_3(x,y)] + \sqrt{3}i[I_2(x,y) - I_3(x,y)]\} \tag{3.15}$$

参照光が平面波とすると，

$$u_\mathrm{o}(x,y) = \frac{1}{6}\{[2I_1(x,y) - I_2(x,y) - I_3(x,y)] + \sqrt{3}\,i\,[I_2(x,y) - I_3(x,y)]\} \quad (3.16)$$

として物体光の複素振幅分布が得られる．

3.2.3　4段階位相シフト法（4バケット位相シフト法）

次に4段階位相シフト法（別名：4バケット位相シフト法）[5]について述べる．この方法では，位相を段階的にシフトさせたホログラムを4枚記録する．一例として参照光の位相を0°, 90°, 180°, 270°に変化させた場合について述べる．一般に位相シフト法では，位相シフト量の調整や制御の容易さ，再生の計算式の容易さからこの有名角度が多用される．それぞれで記録したホログラムをI_1, I_2, I_3, I_4, 初期位相を0とすると，

$$u_\mathrm{o}(x,y) = \frac{1}{4u_\mathrm{r}^*}\{[I_1(x,y) - I_3(x,y)] + i\,[I_2(x,y) - I_4(x,y)]\} \quad (3.17)$$

参照光が平面波とすると，

$$u_\mathrm{o}(x,y) = \frac{1}{4}\{[I_1(x,y) - I_3(x,y)] + i\,[I_2(x,y) - I_4(x,y)]\} \quad (3.18)$$

として物体光の複素振幅分布が得られる．

3.2.4　2段階位相シフト法（2バケット位相シフト法）

次に2段階の位相シフト法としてMengら[9]によって考案された方法（2バケット位相シフト法）を例として述べる．この方法では，参照光の強度分布を計測の前もしくは後に測定しておき，この分布は計測中には一定であると仮定している．一例として参照光の位相を0°, 90°に変化させた場合について述べる．それぞれで記録したホログラムをI_1, I_2, 参照光の強度分布をI_rとすると，物体光の複素振幅分布$u(x,y)$は次式で表される．

$$u(x,y) = \frac{1}{2u_\mathrm{r}}[(I_1 - a) + i(I_2 - a)] \quad (3.19)$$

ただし，

$$a = \frac{v - \sqrt{v^2 - 2w}}{2} \tag{3.20}$$

$$v = I_1 + I_2 + 2|u_\mathrm{r}|^2 \tag{3.21}$$

$$w = I_1^2 + I_2^2 + 4|u_\mathrm{r}|^4 \tag{3.22}$$

である．

3.2.5 ランダム位相シフト法

ランダム位相シフトは所定の参照光の位相シフト量を全画素に対して一律に与えるのではなく，参照光の位相シフト量をランダムに生成して，生成した位相シフト量を事前に測定しておくことで物体の複素振幅分布を求める方法である．以下，この方法について位相シフトの段階数を4の場合を例に述べる．参照光の振幅を a_r1, a_r2, a_r3, a_r4, 位相を ϕ_r1, ϕ_r2, ϕ_r3, ϕ_r4 とする．このとき，a_o, ϕ_o は次式で表される[10]．

$$a_\mathrm{o} = \frac{\sqrt{(I_u D - I_l B)^2 + (I_l A - I_u C)^2}}{2(AD - BC)} \tag{3.23}$$

$$\phi_\mathrm{o} = \tan^{-1}\left(\frac{I_l A - I_u C}{I_u D - I_l B}\right) \tag{3.24}$$

ここで，

$$I_u = I_1 - I_2 - (a_\mathrm{r1}^2 - a_\mathrm{r2}^2) \tag{3.25}$$

$$I_l = I_3 - I_4 - (a_\mathrm{r3}^2 - a_\mathrm{r4}^2) \tag{3.26}$$

$$A = a_\mathrm{r1} \cos \phi_\mathrm{r1} - a_\mathrm{r2} \cos \phi_\mathrm{r2} \tag{3.27}$$

$$B = a_\mathrm{r1} \sin \phi_\mathrm{r1} - a_\mathrm{r2} \sin \phi_\mathrm{r2} \tag{3.28}$$

$$C = a_\mathrm{r3} \cos \phi_\mathrm{r3} - a_\mathrm{r4} \cos \phi_\mathrm{r4} \tag{3.29}$$

$$D = a_\mathrm{r4} \sin \phi_\mathrm{r3} - a_\mathrm{r4} \sin \phi_\mathrm{r4} \tag{3.30}$$

である．

3.2.6 一般化位相シフト法

参照光の位相を所定量シフトさせる場合は，実際には誤差を伴う．その誤差を最小2乗法により最小化できる．そのために，一般化位相シフト法では参照光の位相シフトの段階数を増やすと計測に要する時間は増大するが，誤差を軽

減できる．位相のシフト数を $0\sim2\pi$ の間で等間隔に N，記録されたホログラムを $I_i (i=0, \cdots, N)$ とすると，

$$\phi_o = -\tan^{-1}\left(\sum_{i=0}^{N-1} I_i \sin \delta_i \bigg/ \sum_{i=0}^{N-1} I_i \cos \delta_i\right) \tag{3.31}$$

で表される[11]．

3.2.7 位相シフトディジタルホログラフィ各方式の比較

本節で述べた各種位相シフト法の特徴について筆者なりにまとめたものを表3.2に示す．位相シフトディジタルホログラフィでは，使用環境の擾乱やノイズに対する耐性の向上，位相シフトを正確に実行することによる誤差の低減と計測に要する時間は一般的にトレードオフの関係にある．環境の擾乱やノイズが小さく，精度良く所定の位相シフトが可能な場合は，計測時間の短さという観点から2バケット位相シフト法，3バケット位相シフト法，4バケット位相シフト法の順に優れている．一方，ランダム位相シフト法では，他のバケット法のように等間隔に位相シフトを行わなくとも，既知の位相シフト量であれば利用できる．計測に長時間を費してもよいが，高精度で計測したい場合は，一般化位相シフト法が適している．

表3.2 各種位相シフト法の特徴

種 類	特 徴
4バケット位相シフト法	3バケット位相シフト法よりも記録時間が短く，誤差耐性が高い．
3バケット位相シフト法	位相シフト法を行うに必要かつ十分なステップを実施する．4バケット法に比べて記録時間が短いが，誤差耐性が低い．
2バケット位相シフト法	位相シフト法の中では，記録時間が最も短い．参照光強度を事前に測定しておく必要があり，測定中に参照光強度が不変であることが必要．
ランダム位相シフト法	ランダムな位相をもつ参照光の位相の測定が必要．
一般化位相シフト法	擾乱に対する耐性が高いが，記録時間が他の位相シフト法よりも長い．

3.3 単一露光位相シフトディジタルホログラフィ

前節で説明した位相シフトディジタルホログラフィでは，参照光の位相を逐

次的に変化させて複数枚のホログラムを記録している間は物体光が変わらないことが必要である．そのため，位相シフトディジタルホログラフィは動く物体に対して使用できないという問題がある．この問題を解決する方法として，位相シフトディジタルホログラフィに必要な複数枚のホログラムを1回の露光で記録する方法が考案されている．また，1枚のホログラムからの複数枚のホログラムの生成法も紹介する．

3.3.1 位相シフトディジタルホログラフィで必要な複数のホログラムの単一露光記録方法

複数枚のホログラムを1度に記録する場合，次の2通りが考えられる．
(1) 複数台のカメラで撮影する方法[12〜15]
(2) 1台のカメラで撮影する方法

(1)の例を図3.7に示す[15]．マッハ-ツェンダー干渉計内で光路を二分し，それらを合わせる．合わせた後，それぞれの光路をさらに二分し，各光路にカメラを4台設置して光学系を構成している．参照光と物体光とで同じ方向の直線偏光の成分が干渉すること，さらに参照光と物体光との間の直線偏光成分の位相差がそれぞれのカメラで異なることで，位相シフトされた干渉縞を同時に

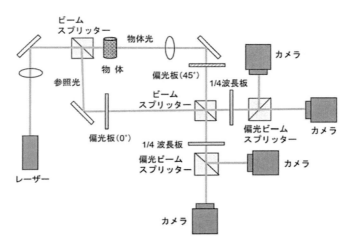

図3.7 複数台のカメラを用いた単一露光位相シフトディジタルホログラフィの一例

3.3 単一露光位相シフトディジタルホログラフィ

記録している．図中で偏光板の横の（ ）内の数字は偏光板を透過できる直線偏光の傾き角度を示している．

　複数台のカメラを用いる方法では，横方向（面内）の分解能が高くかつ横方向の計測範囲を広くできる一方，各カメラの非常に精密な位置合わせが必要，かつ光学系が大きくなるという問題がある．

　分解能や計測範囲は少し劣るものの，これらの問題を解決できる方法として(2)が考案されている．本節では，1台のカメラを用いた単一露光位相シフトディジタルホログラフィとその実現方法，特徴について述べる．

　単一露光位相シフトディジタルホログラフィの原理を図3.8に示す．このディジタルホログラフィの本質は，位相シフトディジタルホログラフィに必要な複数枚のホログラムの情報を1枚の画像内に多重化して記録し[16]，記録した画像から補間[16, 17]や近傍画素間の処理[18, 19]で複数のホログラムを生成することにある．

　位相シフトディジタルホログラフィに必要な複数枚のホログラムの情報を含む1枚の画像を記録する方法としてこれまでに，大別して，
・参照光チルト単一露光位相シフトディジタルホログラフィ（別名：空間位相シフトディジタルホログラフィ）
・並列位相シフトディジタルホログラフィ
・ランダム位相参照光を用いた単一露光位相シフトディジタルホログラフィ
が考案されている．

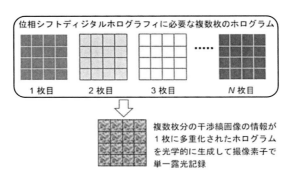

図3.8　単一露光位相シフトディジタルホログラフィの原理

また，複数のホログラムを生成する方法として
・補間により，複数の位相シフトされたホログラムを生成する方法
・近傍画素間で位相シフトディジタルホログラフィを実施する方法
がある．本節では，これらの方法について述べる．

3.3.2 参照光チルト単一露光位相シフトディジタルホログラフィ

参照光チルト単一露光位相シフトディジタルホログラフィ[20, 21]の概略を図3.9に示す．物体光は撮像素子に垂直に入射する．一方，参照光は平面波として撮像素子面に対して，所定の角度傾けて照射する．平面波の参照光が斜入射するために，傾いている方向に対して撮像素子の隣接画素ごとに参照光の異なる位相の部分で照明することになる．この参照光の位相の空間的な異なりを利用して位相シフトを行う[22]．この角度を θ，画素の間隔を d，レーザー光の波長を λ とする．N 段位相シフトディジタルホログラフィを実現するためには，次の所定の関係が必要である．

$$Nd \sin \theta = \lambda \tag{3.32}$$

この方法では，後述する並列位相シフトディジタルホログラフィに必要となる特別な素子が不要であるので簡便に光学系を構成できる．一方，所定外の参照光の位相シフト量の情報もイメージセンサーの各画素内に記録されるため，誤差が伴うという問題もある．

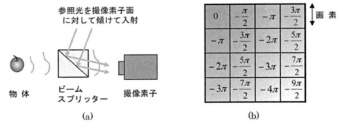

図 3.9 参照光チルト位相シフト法の概略
(a) 光学系において物体光と参照光が重なる箇所の抜粋，
(b) イメージセンサーの各画素の中心での参照光の位相分布

3.3.3 並列位相シフトディジタルホログラフィ

並列位相シフトディジタルホログラフィ[16, 23~30]の概略を図3.10に示す．この方法では，物体光，参照光ともに撮像素子にほぼ垂直に入射する．参照光の位相を画素ごとに周期的に変化させるための素子が用いられる．このような素子の実現方法は種々提案されている．概念的に最も簡便な実現形態を図3.11に示す．撮像素子の1画素に応じて，参照光の位相をシフトさせるために，厚さが周期的に異なる微小なガラスブロックのアレイなどで作製された位相差素子アレイが参照光路中に配置される．ガラスブロックによる回折を抑えるために，位相差素子アレイの1画素と撮像素子の1画素が結像するような光学系が配置される[16, 23, 24]．この実現方法では，光学系の位置合わせが煩雑になる問題がある．この問題を避ける方法として，ガラスブロックの代わりに液晶空間光変調素子を用いる方法[31]や，微小偏光素子アレイが撮像素子に集積化された実現形態も考案されている．ここでは，微小偏光素子アレイが撮像素子に集積化された実現形態[23, 25~29]について説明し，その概略を図3.12に示す．物体光と参照光とがそれぞれ所定の偏光に設定される．偏光の設定は，位相シフトの段階数によって調整される．さらに，透過方向が画素ごとに周期的に異なる微小偏光素子機能が撮像素子の各画素に装備されている．このようなカメラが偏光イメージングカメラとして，近年いくつかのメーカーにより開発・市販されるようになってきた[31~34]．微小偏光子アレイを通過した物体光の位相と参照光の位相との差は，近傍画素間との関係に着目すると単一露光位

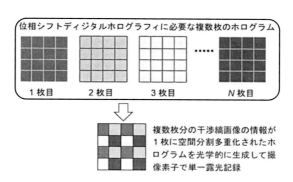

図3.10　並列位相シフトディジタルホログラフィの概略

40   3 ホログラムの生成手法

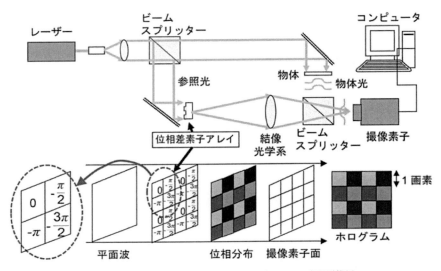

図 3.11 並列位相シフトディジタルホログラフィの実現形態例

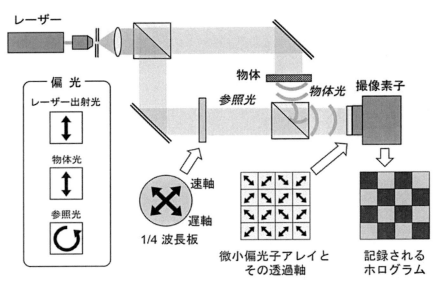

図 3.12 微小偏光子アレイを用いた並列位相シフトディジタルホログラフィの実現例

相シフトディジタルホログラフィに必要なホログラムが記録されることになる．

この方法では位相差素子アレイのような特殊な素子が必要となるが，所定の位相シフト量の参照光により記録されたホログラムが生成されるために，参照光チルト単一露光位相シフトディジタルホログラフィよりも正確に記録できる．これまでに，この方法により毎秒100万コマ[35]や時間分解能96 fs（フェムト秒）の位相シフト干渉計測[36]，毎秒15万コマの3次元動画像生体顕微鏡[37]，光の伝搬の動画像記録[38]，この方法に基づくA4サイズやA4サイズの可搬型3次元動画像計測システム[39, 40]が報告されている．

3.3.4　ランダム位相参照光を用いた単一露光位相シフトディジタルホログラフィ

ランダム位相参照光を用いた単一露光位相シフトディジタルホログラフィ[10]の原理の概略を図3.13に示す．この方法は，隣接4画素で物体光の振幅a_0とϕ_0位相は等しいと仮定する．画素ごとに参照光の位相のシフト量をランダムに生成し，生成した位相シフト量を各画素で事前に測定しておく．その後，物体を設置し，ランダム位相の参照光を用いてホログラムを単一露光で記録する．4画素ごとに位相シフトディジタルホログラフィを適用する1単位として，ランダム位相シフトディジタルホログラフィに用いられる像再生の計算を適用することで，物体光の複素振幅分布を算出する．この方法の実現例の概略を図3.14に示す．参照光光路中に拡散板などのランダム位相板が挿入されており，ランダム位相が結像系で撮像素子に結像される．物体を計測する前に，物体の代わりにわずかに傾けたミラーを配置し，参照光の位相分布をoff-

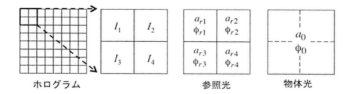

図3.13　ランダム位相参照光を用いた単一露光位相シフトディジタルホログラフィの原理の概略，各記号とその位置は，その位置で仮定する値を表す

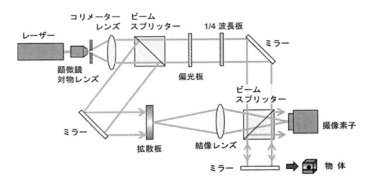

図 3.14 ランダム位相参照光を用いた単一露光位相シフトディジタルホログラフィの光学系の一例

axis ディジタルホログラフィとして測定する．次に，ミラーを物体に置き換えて in-line ホログラムを記録する．記録したホログラムに対して，既に測定した参照光の位相分布の結果を用いて，ランダム位相シフトディジタルホログラフィの計算により物体光の複素振幅分布を算出する．

この方法では，並列位相シフトディジタルホログラフィに必要なアレイ状に配置した微小素子は不要で，一般的な拡散板により実現できる．一方，事前に測定した物体光の位相分布が，物体を計測する間は不変であるという条件が必要である．

3.3.5 ホログラム間位相シフト法

単一露光位相シフトディジタルホログラフィでは，記録されたホログラムから物体光の複素振幅分布を求める際に，位相シフトディジタルホログラフィに必要な複数枚のホログラムを生成する必要がある．この複数枚のホログラムを生成する場合にホログラム間位相シフト法では，画素の抽出，画素の再配置，画素値の補間を行う[16, 17]．この方法の流れを図 3.15 に示す．参照光が同じ位相値で記録されたホログラムの画素を抽出することで，位相シフトの段階数と同じ枚数の画像が生成される．個々の画像において，画素値をもたない画素に対しては近傍画素の画素値を用いて補間することで，画素値が設定される．この補間後に，位相シフトの段階数と等しい枚数のホログラムが生成される．この複数枚のホログラムに位相シフトディジタルホログラフィにおける物体光の

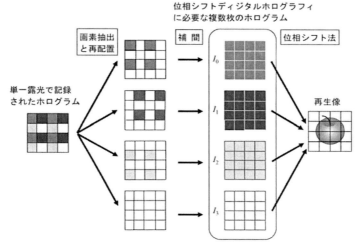

図 3.15 単一露光位相シフトホログラムから補間を用いて複数のホログラムを生成し像再生する方法の流れ

複素振幅分布を求める計算を適用することで，物体光の複素振幅分布が算出できる．補間の方法として，双 1 次（bilinear）補間，双 3 次（bicubic）補間，B-スプライン補間など種々の方法が適用できる[17]．双 1 次補間は，最も簡単で計算量は少ないが，他の方法に比べて誤差が大きくなる．双 3 次補間，B-スプライン補間とも，低周波成分では，ほぼ同じ誤差であるが，高周波数成分に対しては，双 3 次補間の方が誤差を低減できる．この方法では補間を用いるために，生成されるホログラムに誤差が多少生じるものの，位相シフト法を用いない in-line ホログラフィに比べると十分に正確な複素振幅分布が得られる．

3.3.6　近傍画素間位相シフト法

次に補間を用いないホログラムの生成方法として近傍画素間位相シフト法[18, 19]の概略を図 3.16 に示す．この方法では，ホログラム内のある画素に着目し，その近傍で位相が異なる参照光で記録された画素を用いて位相シフトディジタルホログラフィの計算を適用する．この計算により，着目画素のアドレス（画素内のその画素の位置）における物体光の複素振幅分布が算出され

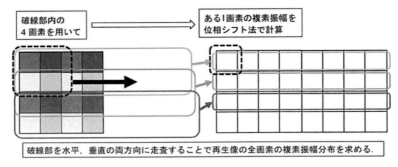

図 3.16 近傍画素間位相シフト法の概略

る．着目画素を順にずらして同様の計算をすることで，再生する画像の全アドレスにおける物体光の複素振幅分布を算出する．

3.4 各手法の特徴

本節では，本章で紹介したホログラムを記録する各手法の特徴について簡単に述べる．表 3.3 にフーリエ変換法，位相シフトディジタルホログラフィ，単一露光位相シフトディジタルホログラフィの優劣を筆者なりにまとめた表を示す．

表 3.3 フーリエ変換法，位相シフトディジタルホログラフィ，単一露光位相シフトディジタルホログラフィの優劣

	フーリエ変換法	位相シフトディジタルホログラフィ	単一露光位相シフトディジタルホログラフィ			
			複数カメラの使用	単一カメラの使用		
				参照光チルト	並列位相シフト	ランダム位相参照光使用
動く物体への適用性	可	不可	可	可	可	可
光学系構築の素子数	少	中	多	少	中	中
光学系調整の簡便さ	易	難	難	易	易	中
特殊素子	不要	不要	不要	不要	要	不要
システムサイズ	小	小	大	小	小	小
システムのロバスト性	高	低	低	高	高	中
計測範囲	中	大	大	中下	中上	中下
分解能	小	大	大	中	中	中

3.4 各手法の特徴

　まず，物体が動いているか静止しているかによって大別できる．静止物体を測定する場合は，位相シフトディジタルホログラフィが光学系構築の容易さと計測範囲の広さや分解能の高さの点において適している．

　動く物体の場合は，フーリエ変換法か単一露光位相シフトディジタルホログラフィが適用できる．これまでに提案されている動く物体に適用可能なディジタルホログラフィでは一般的に，装置構成の簡便さおよび調整の容易さと，計測範囲の広さおよび分解能の高さはトレードオフの関係になっている．サイズが小さく，比較的高い分解能が必要でない場合は，装置構成や調整が最も簡便，容易であるフーリエ変換法が適している．装置構成や調整を複雑にしてでも計測範囲を拡大し分解能を向上したい場合は，フーリエ変換法よりも参照光チルト位相シフトやランダム位相参照光を用いる位相シフト法が適している．さらに計測範囲を拡大し分解能の向上を目指す場合は，並列位相シフト法が適しており，装置構成や調整は最も難しいが，広い計測範囲かつ高い分解能を得るには，複数のカメラを用いた単一露光位相シフトディジタルホログラフィが適している．ただし，カメラの台数を同一とすると，並列位相シフトディジタルホログラフィでは，コンピュータトモグラフィ（computed tomography：CT）のように複数の角度から物体を単一露光記録することに利用できるため，複数のカメラを用いた単一露光位相シフトディジタルホログラフィよりも，高い機能が得られる[41]．

文　　献

1) M. Takeda, H. Ina and S. Kobayashi：*J. Opt. Soc. Am.*, **72**, 156 (1982).
2) J. W. Goodman：*Introduction to Fourier Optics* (3rd ed.), Chap. 9, Roberts & Company Publishers (2005).
3) N. Pavillon et al.：*Appl. Opt.*, **48**, H186 (2009).
4) T. Tahara et al.：*Appl. Phys. Express*, **6**, 022502 (2013).
5) I. Yamaguchi and T. Zhang：*Opt. Lett.*, **22**, 1268 (1997).
6) 山口一郎：月刊オプトロニクス，**22**, 127 (2003).
7) Y. Awatsuji et al.：*Appl. Opt.*, **47**, D183 (2008).
8) O. Matoba et al.：*Appl. Opt.*, **45**, 8945 (2006).
9) M. F. Meng et al.：*Opt. Lett.*, **31**, 1414 (2006).
10) T. Nomura and M. Imbe：*Opt. Lett.*, **35**, 2281 (2010).
11) 谷田貝豊彦：応用光学 光計測入門 第2版，丸善 (2005).

12) C. L. Koliopoulos：*Proc. SPIE*, **1531**, 119 (1991).
13) S. Nakadate：*Proc. SPIE*, **2544**, 74 (1995).
14) B. K. A. Ngoi et al.：*Opt. Commun.*, **190**, 109 (2001).
15) J. Zhang et al.：*Opt. Eng.*, **53**, 112316 (2014).
16) Y. Awatsuji, M. Sasada and T. Kubota：*Appl. Phys. Lett.*, **85**, 1069 (2004).
17) P. Xia et al.：*Opt. Rev.*, **20**, 193 (2013).
18) Y. Awatsuji et al.：*Appl. Opt.*, **45**, 968 (2006).
19) T. Tahara et al.：*J. Electron. Imaging*, **21**, 013021 (2012).
20) H. Toge, H. Fujiwara and K. Sato：*Proc. SPIE*, **6912**, 69120U (2008).
21) S. Murata, D. Harada and Y. Tahaka：*J. Appl. Phys.*, **48**, 09LB01 (2009).
22) L. Mertz：*Appl. Opt.*, **22**, 1535 (1983).
23) 特許第 4294526 号
24) M. Sasada et al.：Technical Digest of the 2004 ICO International Conference：Optics and Photonics in Technology Frontier, p. 187, International Commission for Optics (2004).
25) M. Sasada, Y. Awatsuji and T. Kubota：Technical Digest of the 2004 ICO International Conference：Optics and Photonics in Technology Frontier, p. 357, International Commission for Optics (2004).
26) J. Millerd et al.：*Proc. SPIE*, **5531**, 304 (2004).
27) S. Yoneyama, H. Kikuta and K. Moriwaki：*Exp. Mech.*, **45**, 451 (2005).
28) T. Kakue et al.：*Opt. Express*, **18**, 955 (2010).
29) T. Tahara et al.：*Opt. Express*, **18**, 18975 (2010).
30) L. Miao et al.：*Appl. Opt.*, **51**, 2633 (2012).
31) 川上彰二郎ほか：電子情報通信学会論文誌, J90-C, 17 (2007).
32) T. Onuma and Y. Otani：*Opt. Commun.*, **315**, 69 (2014).
33) Z. Zhang et al.：*Rev. Sci. Instrum.*, **85**, 105002 (2014).
34) 吉井 実：月刊オプトロニクス, **34**, 107 (2015).
35) P. Xia et al.：*Electron. Lett.*, **50**, 1693 (2014).
36) T. Kakue et al.：*Opt. Express*, **20**, 20286 (2012).
37) T. Tahara et al.：*IEEE J. Sel. Topics Quantum Electron.*, **18**, 1387 (2012).
38) T. Kakue et al.：*Appl. Phys. Express*, **6**, 092501 (2013).
39) M. Fujii et al.：*Opt. Eng.*, **50**, 091304 (2011).
40) M. Fujii et al.：*J. Display Technol.*, **10**, 132 (2014).
41) M. Shinomura et al.：Technical Digest of The 2nd Biomedical Imaging and Sensing Conference (BISC'16), BISC, 6 (2016).

謝辞

本章執筆にあたり関西大学助教・田原 樹博士，産業技術総合研究所研究員・夏 鵬博士，千葉大学助教・角江 崇博士にご協力頂いたことに感謝申し上げる．

4

ディジタルホログラフィにおける再生計算

　ディジタルホログラフィでは，イメージセンサー面から光波の逆伝搬計算を行うことで任意の距離での光波の分布を得ることができる．しかしながら，計算機再生では計算領域が有限の大きさであるため，イメージセンサー面からの距離により計算方法を正しく選択する必要がある．本章では，ディジタルホログラフィにおける光波伝搬計算法としてよく用いられている，フレネル回折計算と角スペクトル伝搬計算について述べる．はじめに 4.1 節で，連続系における伝搬計算の概要を示す．次に 4.2 節において，計算機で用いる離散表現とそれぞれの計算方法の特長を述べるとともに，計算における注意点を示す．4.3 節では，ディジタルホログラフィで用いられる計算のテクニックとして，再生面での移動，フルカラー再生での画素ピッチ調整を行うゼロパディング（zero padding）とカスケーディング 1 回フーリエ変換法，焦点位置を自動抽出するオートフォーカス機能を紹介する．

4.1　連続系における光伝搬計算法の表現

　ディジタルホログラフィにおける光伝搬計算には，フレネル回折計算と角スペクトル伝搬計算が用いられる．本節では 2 つの計算方法を連続系表現で紹介する．離散系における計算方法の導出は 4.2 節で行う．

4.1.1　フレネル回折計算

　光波の伝搬を計算する手法の一つにフレネル回折がある．ホイヘンスの原理によれば，波面上の各点は，2 次点光源として球面波を発生し，その包絡面が次の波面となる．これをもとに回折現象を記述する理論として，フレネル–キ

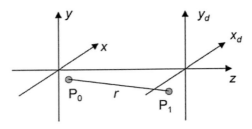

図 4.1 フレネル回折積分

ルヒホッフの回折理論がある．図 4.1 のように，z 軸に垂直な 2 平面間の光波の伝搬を考える．ディジタルホログラフィの再生計算では，xy 平面がホログラム面であり，$x_d y_d$ 平面が再生面に相当する．フレネル–キルヒホッフの回折理論によると，2 平面間の距離が z であるときに，波長 λ の光波の複素振幅は

$$u(x_d, y_d; z) = \frac{z}{i\lambda} \iint u(x, y; 0) \frac{\exp(ikr)}{r^2} dxdy \tag{4.1}$$

で与えられる．ここで

$$r = \sqrt{(x_d - x)^2 + (y_d - y)^2 + z^2} \tag{4.2}$$

である．

z 軸方向に光が伝搬し，かつ z 軸近傍にのみ光波が存在する近軸近似を考える．このとき距離 r は，次式のように近似される．

$$\begin{aligned}
r &= \sqrt{z^2 + (x_d - x)^2 + (y_d - y)^2} \\
&= z\left\{1 + \left(\frac{(x_d - x)^2 + (y_d - y)^2}{z^2}\right)\right\}^{1/2} \\
&= z + \frac{z}{2}\left\{\frac{(x_d - x)^2 + (y_d - y)^2}{z^2}\right\} - \frac{z}{8}\left\{\frac{(x_d - x)^2 + (y_d - y)^2}{z^2}\right\}^2 + \cdots
\end{aligned} \tag{4.3}$$

(4.3) 式の右辺第 2 項までを取り入れたものが，フレネル回折と呼ばれる．

$$\begin{aligned}
u(x_d, y_d; z) &= \frac{\exp(ikz)}{i\lambda z} \iint u(x, y; 0) \exp\left\{ik\frac{1}{2z}[(x_d - x)^2 + (y_d - y)^2]\right\} dxdy \\
&= \frac{\exp(ikz)}{i\lambda z}\left\{u(x_d, y_d; 0) \otimes \exp\left[i\frac{\pi}{\lambda z}(x_d^2 + y_d^2)\right]\right\}
\end{aligned} \tag{4.4}$$

(4.4) 式で $\otimes$ は畳み込み（以下，コンボリューション）を表す演算子である．

4.1 連続系における光伝搬計算法の表現

フレネル回折が成り立つ領域は，(4.3) 式より

$$k \frac{1}{8z^3}[(x_d-x)^2+(y_d-y)^2]^2 \ll 1 \tag{4.5}$$

となる．例えば，$\lambda=0.5\,\mu\mathrm{m}$, $|x_d-x|, |y_d-y|=1\,\mathrm{mm}$ のとき，$z \gg 14.6\,\mathrm{mm}$ となる．

フレネル回折計算には2種類の計算方法がある．(4.4) 式の畳み込みをフーリエ変換を用いて行うコンボリューション法と，(4.4) 式を展開し，1回のフーリエ変換で行う1回フーリエ変換法である．

はじめにコンボリューション法について説明する．(4.4) 式から積分外の項は強度分布をとると，$(1/(\lambda z))^2$ の定数となるため，以下の計算では省略する．フーリエ変換 FT と逆フーリエ変換 FT^{-1} を用いると，コンボリューションは以下のように計算することができる．

$$\begin{aligned} u(x_d, y_d; z) &= u(x_d, y_d; 0) \otimes \exp\left[i\frac{\pi}{\lambda z}(x_d^2+y_d^2)\right] \\ &= \mathrm{FT}^{-1}[U(f_x, f_y; 0)\exp\{-i\lambda\pi z(f_x^2+f_y^2)\}] \end{aligned} \tag{4.6}$$

(4.6) 式で f_x, f_y はフーリエ変換面の軸であり，

$$U(f_x, f_y; 0) = \mathrm{FT}[u(x, y; 0)] = \iint u(x, y; 0)\exp[-i2\pi(f_x x + f_y y)]dxdy \tag{4.7}$$

である．

次に1回フーリエ変換法を示す．(4.4) 式を展開すると，

$$\begin{aligned} u(x_d, y_d; z) &= u(x_d, y_d; 0) \otimes \exp\left[i\frac{\pi}{\lambda z}(x_d^2+y_d^2)\right] \\ &= \exp\left[i\frac{\pi}{\lambda z}(x_d^2+y_d^2)\right] \times \\ &\quad \iint u(x, y; 0)\exp\left[i\frac{\pi}{\lambda z}(x^2+y^2)\right]\exp\left[-i\frac{2\pi}{\lambda z}(xx_d+yy_d)\right]dxdy \\ &= \exp\left[i\frac{\pi}{\lambda z}(x_d^2+y_d^2)\right] U_1\left(\frac{x_d}{\lambda z}, \frac{y_d}{\lambda z}; 0\right) \end{aligned} \tag{4.8}$$

となる．ただし，$u_1(x, y, 0) = u(x, y, 0)\exp\left[i\frac{\pi}{\lambda z}(x^2+y^2)\right]$，$U_1$ は u_1 のフーリエ変換である．したがって，1回のフーリエ変換で計算可能である．

4.1.2 角スペクトル伝搬計算

波長 λ の単色光波の空間伝搬を計算する方法として,角スペクトル伝搬計算[1]がある.フレネル回折計算と比較して,近軸近似を適用しないため,広角の光波の計算を行うことができる.

波長 λ の単色光波が従う波動方程式として,ヘルムホルツ方程式がある.

$$\nabla^2 u(x,y;z) + \left(\frac{2\pi}{\lambda}\right)^2 u(x,y;z) = 0 \qquad (4.9)$$

ここで,ディジタルホログラフィでは多くの場合に空気中を光が伝搬するため,屈折率を1としている.

$u(x,y;z)$ の2次元フーリエ変換を $U(f_x,f_y;z)$ とおくと,

$$U(f_x,f_y;z) = \iint u(x,y;z)\exp[-i2\pi(xf_x+yf_y)]dxdy \qquad (4.10)$$

$$u(x,y;z) = \iint U(f_x,f_y;z)\exp[i2\pi(xf_x+yf_y)]df_xdf_y \qquad (4.11)$$

の関係となる.(4.11)式を(4.9)式に代入すると,

$$\frac{\partial^2 U(f_x,f_y;z)}{\partial z^2} + \left(\frac{2\pi}{\lambda}\right)^2[1-(\lambda f_x)^2-(\lambda f_y)^2]U(f_x,f_y;z) = 0 \qquad (4.12)$$

を得る.(4.12)式の一般解として以下の式が得られる.

$$U(f_x,f_y;z) = U(f_x,f_y;0)\exp\left[i\frac{2\pi}{\lambda}z\sqrt{1-(\lambda f_x)^2-(\lambda f_y)^2}\right] \qquad (4.13)$$

角スペクトル成分の位相遅れを考慮すると,(4.13)式の位相項ではプラス側が採用される.(4.13)式から $U(f_x,f_y;z)$ を逆フーリエ変換すると距離 z 離れた位置での光波分布 $u(f_x,f_y;z)$ を得る.

ここで,角スペクトルの意味を述べる.波数ベクトル $\vec{k}=\frac{2\pi}{\lambda}(\alpha,\beta,\gamma)$ の平面波は

$$\exp(-i\vec{k}\cdot\vec{r}) = \exp\left[-i\frac{2\pi}{\lambda}(\alpha x+\beta y+z\gamma)\right] \qquad (4.14)$$

となる.ただし,$\vec{r}=(x,y,z)$,$\alpha^2+\beta^2+\gamma^2=1$ である.(4.11)式の右辺の項において,$f_x=\alpha/\lambda$,$f_y=\beta/\lambda$ と考えると,(4.14)式は単位ベクトル $(\alpha,\beta,\gamma)=\left(\lambda f_x,\lambda f_y,\pm\sqrt{1-(\lambda f_x)^2-(\lambda f_y)^2}\right)$ に平行に進む平面波と考えることができる.したがって,複素振幅係数 $U(f_x,f_y)$ はベクトル (α,β,γ) に平行に進む平面波

の重み（位相付き）を表す．

4.2 光波伝搬計算の離散表現

4.2.1 3つの計算方法の概要

　離散化されたホログラムデータを $u(n,m;0)=u(n\Delta x, m\Delta y;0)$，伝搬距離 z での再生面での光波の複素振幅分布を $u(l,p;z)=u(l\Delta x_d, p\Delta y_d;z)$ とする．ここで，イメージセンサー面での画素ピッチは $\Delta x \times \Delta y$ であり，再生面での画素ピッチは $\Delta x_d \times \Delta y_d$ である．また，画素数を $N \times M$ とし，整数 n, m, l, p の範囲はそれぞれ，$[-N/2, N/2-1]$，$[-M/2, M/2-1]$，$[-N/2, N/2-1]$，$[-M/2, M/2-1]$ である．このとき，2つの伝搬計算法をまとめると表4.1のようになる．広角な光波の伝搬計算には角スペクトル伝搬計算が優れているが，有限領域では適用可能な伝搬距離が短くなる．次項以降ではこれらの計算方法の原理を紹介する．

4.2.2 コンボリューション計算の離散表現

　ホログラム面とそのフーリエ変換面（空間周波数面）を離散化する．ホログラム面とフーリエ変換面でのサンプリング間隔を $(\Delta x, \Delta y)$，$(\Delta f_x, \Delta f_y)$ とし，縦横の画素数をそれぞれ M, N とする．フーリエ変換の定義を（4.15）式に示

表4.1　光伝搬計算の比較

計算法		計算式	適用距離 z の条件	伝搬後の画素ピッチ
フレネル回折	コンボリューション	$u(l,p;z) = \mathrm{DFT}^{-1}\left[\mathrm{DFT}[u(n,m;0)] \times \exp\left[-i\lambda\pi z\left(\dfrac{l^2}{N^2\Delta x^2}+\dfrac{p^2}{M^2\Delta y^2}\right)\right]\right]$	$z < \dfrac{N\Delta x^2}{\lambda}$	$\Delta x_d = \Delta x$
	フーリエ変換	$u(l,p;z) = \mathrm{DFT}\left[u(n,m;0)\exp\left[-i\dfrac{\pi}{\lambda z}(n^2\Delta x^2+m^2\Delta y^2)\right]\right]$	$z > \dfrac{N\Delta x^2}{\lambda}$	$\Delta x_d = \dfrac{\lambda z}{N\Delta x}$
角スペクトル伝搬計算		$u(l,p;z) = \mathrm{IDFT}[A(u,v;z)]$ $A(u,v;z) = A(u,v;0)\exp\left[-i\pi\lambda z\sqrt{1-\left(\dfrac{u\lambda}{N\Delta x}\right)^2-\left(\dfrac{v\lambda}{M\Delta y}\right)^2}\right]$	条件なし	$\Delta x_d = \Delta x$

し，その離散化は（4.16）式のようになる．

$$U(f_x, f_y; 0) = \iint u(x, y; 0) \exp[-i2\pi(xf_x + yf_y)] dx dy \quad (4.15)$$

$$U(l\Delta f_x, p\Delta f_y; 0) = \iint u(x, y; 0) \sum_{n=-N/2}^{N/2-1} \sum_{m=-M/2}^{M/2-1} \delta(x - n\Delta x, y - m\Delta y) \times$$
$$\exp[-i2\pi(xf_x + yf_y)] \delta(f_x - l\Delta f_x, f_y - p\Delta f_y) dx dy$$
$$= \sum_{n=-N/2}^{N/2-1} \sum_{m=-M/2}^{M/2-1} u(n\Delta x, m\Delta y; 0) \times$$
$$\exp[-i2\pi(nl\Delta x\Delta f_x + mp\Delta y\Delta f_y)] \quad (4.16)$$

（4.16）式に注目し，（4.17）式で表される離散フーリエ変換（discrete Fourier transform：DFT）を適用できる場合を考える．

$$U(l, p) = \sum_{n=0}^{N-1} \sum_{m=0}^{M-1} u(n, m) \exp\left[-i2\pi\left(\frac{nl}{N} + \frac{mp}{M}\right)\right] \quad (4.17)$$

（4.16）式と（4.17）式の比較から，

$$\Delta x \Delta f_x = \frac{1}{N}, \quad \Delta y \Delta f_y = \frac{1}{M} \quad (4.18)$$

を得る．したがって，離散フーリエ変換を用いると，（4.6）式の計算は，

$$u(n, m; z) = \mathrm{DFT}^{-1}\left\{U(l, p) \exp\left[-i\lambda\pi z\left(\frac{l^2}{N^2\Delta x^2} + \frac{p^2}{M^2\Delta y^2}\right)\right]\right\} \quad (4.19)$$

となる．

ここで，コンボリューション計算による光伝搬計算の一例を示す．計算条件として，画素数 $N = M = 512$，$\Delta x = \Delta y = 10\,\mu\mathrm{m}$，$\lambda = 532\,\mathrm{nm}$ とする．図4.2（a）に示す画像データを伝搬距離 40 mm, 80 mm としたときの強度分布を画像化したものを図4.2（b），（c）に示す．伝搬距離が長くなるにつれて回折により光

(a) 元画像

(b) 伝搬距離 40 mm

(c) 伝搬距離 80 mm

図4.2　コンボリューション計算による伝搬の様子

4.2 光波伝搬計算の離散表現

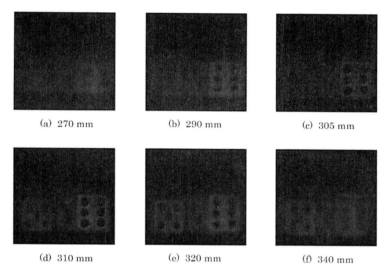

(a) 270 mm　　　(b) 290 mm　　　(c) 305 mm

(d) 310 mm　　　(e) 320 mm　　　(f) 340 mm

図 4.3　コンボリューション計算による再構成例

が広がり，画像がぼかされていくのがわかる．

実験による再構成結果を図 4.3 に示す．計算条件は $M=2048$, $\Delta x=9\,\mu$m, 波長 $\lambda=532$ nm である．図 4.3 から 2 つのサイコロがあり，イメージセンサー面から，それぞれ 305 mm と 320 mm の位置にあることがわかる．

次に，このコンボリューション計算が適用可能な距離 z の範囲を，サンプリング定理を満足する条件から導出する[2, 3]．(4.6) 式における 2 次の位相分布 $\phi(f_x, f_y) = -\lambda\pi z(f_x^2 + f_y^2)$ に注目する．簡単のため，f_x 方向のみを考える．位置 f_x での局所周波数 $F(f_x)$ は，

$$F(f_x) = \frac{1}{2\pi}\frac{\partial \phi(f_x)}{\partial f_x} = -\lambda z f_x \tag{4.20}$$

となる．f_x のとりうる範囲を 0 を中心に考えると，$\left[-\frac{N}{2}\Delta f_x, \left(\frac{N}{2}-1\right)\Delta f_x\right]$ である．そのため，(4.19) 式の最大周波数は $\lambda z\,(N/2)\,\Delta f_x$ となる．一方，サンプリング間隔は Δf_x である．サンプリング定理からサンプリング周波数は物体のもつ最大周波数の 2 倍より大きい必要があるため，

$$\frac{1}{\Delta f_x} > 2\lambda z \frac{N}{2}\Delta f_x \tag{4.21}$$

の条件を得る．したがって，コンボリューション計算を行う場合のzの適用範囲として，

$$z < \frac{1}{\lambda N (\Delta f_x)^2} = \frac{N \Delta x^2}{\lambda} \quad (4.22)$$

を得る．(4.22) 式で与えられるzより長い距離をこの方法で計算すると，フーリエ変換面において高周波数領域でエイリアシングを起こしているため，正確な計算がなされない．そのようすを図4.4に示す．計算条件は$N=1024$，$\Delta x=10\,\mu m$，波長$\lambda=532\,nm$である．伝搬距離はそれぞれ100 mmと200 mmである．(4.22) 式からの適用距離は192.5 mmである．図4.4 (a), (b) の画像からはビームが広がっているだけのように見えるが，強度分布の断面を示した図4.4 (c) を見ると，伝搬距離200 mmでは波形に振動が生じている．これは回り込みの光との干渉により振動が生じているためである．コンボリューション法においては光波の回り込みについても注意する必要がある．離散フーリエ変換は図4.5 (a) に示すように計算領域の周期性を仮定している．その

(a) 伝搬距離 100 mmでの強度分布

(b) 伝搬距離 200 mmでの強度分布

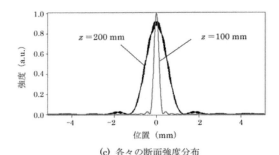
(c) 各々の断面強度分布

図4.4　エイリアシングによる計算誤差の例

4.2 光波伝搬計算の離散表現

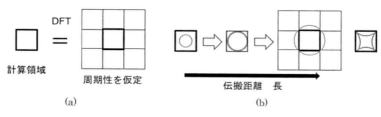

図 4.5　離散フーリエ変換における回り込み効果

ため，図 4.5（b）に示すように計算領域外に光波が広がっていく場合には，領域外に出た光波は対面する方向から回り込むことになる．よって，伝搬計算により境界周辺に光波が届くようなケースでは，回り込みによる計算誤差に注意する必要がある．

4.2.3　1 回フーリエ変換計算の離散表現

ここでは 1 回フーリエ変換によるフレネル回折計算の離散系を示す．この方法では（4.22）式より長い伝搬距離を計算可能である．

（4.8）式のように，ホログラム面と再生面でサンプリングを行うと，

$$u(l\Delta x_d, p\Delta y_d; z) = \exp\left[i\frac{\pi}{\lambda z}(l^2 \Delta x_d^2 + p^2 \Delta y_d^2)\right] \sum_{n=-N/2}^{N/2-1} \sum_{m=-M/2}^{M/2-1}$$

$$u(n\Delta x, m\Delta y; 0) \exp\left[i\frac{\pi}{\lambda z}(n^2 \Delta x^2 + m^2 \Delta y^2)\right] \times$$

$$\exp\left[-i\frac{2\pi}{\lambda z}(n l \Delta x \Delta x_d + m p \Delta y \Delta y_d)\right] \quad (4.23)$$

となる．（4.23）式の右辺を離散フーリエ変換を適用して計算できるためには，

$$\frac{\Delta x \Delta x_d}{\lambda z} = \frac{1}{N}, \quad \frac{\Delta y \Delta y_d}{\lambda z} = \frac{1}{M} \quad (4.24)$$

が成り立つ必要がある．したがって，伝搬計算後の画素ピッチは，

$$\Delta x_d = \frac{\lambda z}{N \Delta x}, \quad \Delta y_d = \frac{\lambda z}{M \Delta y} \quad (4.25)$$

となり，伝搬距離 z とともに大きくなる．この方法では，実効的な計算領域を広げることで，伝搬距離が長くなった場合でも計算が可能になる．

離散フーリエ変換（DFT）を適用した場合に，（4.23）式の計算は以下のよ

うになる．

$$u(l\Delta x_d, p\Delta y_d;z) = \text{DFT}\left\{u(n\Delta x, m\Delta y;0)\exp\left[i\frac{\pi}{\lambda z}(n^2\Delta x^2+m^2\Delta y^2)\right]\right\} \quad (4.26)$$

（4.26）式の距離 z の適用範囲をサンプリング定理を満足する条件から求める[2, 3]．DFT 内の2次の位相項に注目する．この2次の位相項の連続関数を考えると，位置 x での局所周波数 $F(x)$ は，

$$F(x) = \frac{1}{2\pi}\frac{\partial\left(\frac{\pi}{\lambda z}x^2\right)}{\partial x} = \frac{1}{\lambda z}x \quad (4.27)$$

となる．位置 x のとりうる範囲を 0 を中心にとると，$\left[-\frac{N}{2}\Delta x, \left(\frac{N}{2}-1\right)\Delta x\right]$ となるから，最大周波数は $(N/2\lambda z)\Delta x$ となる．サンプリング周期は Δx であることから，サンプリング周波数は $1/\Delta x$ である．サンプリング定理から

$$\frac{1}{\Delta x} > 2\frac{N\Delta x}{2\lambda z} \quad (4.28)$$

を得る．これから z の適用範囲として，

$$z > \frac{N\Delta x^2}{\lambda} \quad (4.29)$$

を得る．

（4.23）式の DFT の外にある2次の位相項に関してサンプリング定理を満足させる z を求めると，

$$z < \frac{N\Delta x^2}{\lambda} \quad (4.30)$$

となる．したがって，（4.23）式の計算を満足する z は存在しない．（4.23）式での DFT 外の2次の位相項は強度分布では影響がないため，再生計算では（4.26）式を用いて計算する．

実際にホログラムから複素振幅分布を抽出し，再生計算を行った結果を図 4.6 に示す．複素振幅分布の画素数は 2048×2048 ピクセル，画素ピッチ 9 μm 角，波長 532 nm である．物体とイメージセンサー面の距離は 1070 mm である．伝搬距離が 1070 mm に近づくことで物体像にフォーカスが合うことがわかる．

4.2 光波伝搬計算の離散表現　　　　　　　　　　　　57

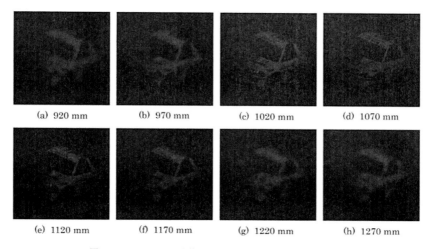

(a) 920 mm　　(b) 970 mm　　(c) 1020 mm　　(d) 1070 mm

(e) 1120 mm　　(f) 1170 mm　　(g) 1220 mm　　(h) 1270 mm

図 4.6　1 回フーリエ変換による再構成例（[口絵 2] 参照）

4.2.4　フレネル回折計算のまとめ

4.2.2 項と 4.2.3 項の 2 つの計算法をまとめる．ホログラム面からの 2 つの計算方法に関する適用範囲と画素ピッチを図示したものを図 4.7 に示す．

ここで，実際に物体の再生を行い，2 つの計算方法の違いを示す．イメージセンサーの画素数は 2048×2048 ピクセル，ピクセルピッチ 9 μm 角，波長 532

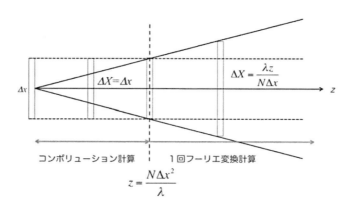

図 4.7　フレネル回折計算の適用範囲と計算領域

(a) コンボリューション計算 　　(b) 1回フーリエ変換計算

図 4.8　2つのフレネル回折計算を用いた再生像（[口絵 3] 参照）

nm のとき，2つの計算方法の分岐点は 311.8 mm となる．実際には物体はイメージセンサー面から 1070 mm で再構成されるため，1回フーリエ変換計算による再生計算が適していることがわかる．図 4.8 にコンボリューション計算と 1回フーリエ変換計算の再生像を示す．図 4.8（a）のコンボリューション再生では領域外の光波が重畳していることがわかる．また，図 4.8（b）の 1回フーリエ変換計算は，全体の像が確認でき正しく計算ができていることがわかる．

4.2.5　角スペクトル伝搬計算の離散表現

本項では角スペクトル伝搬計算の離散表現について説明する．数値計算に適用するため，離散化を行う．4.2.1 項と同様に，イメージセンサー面での光波の複素振幅分布を $u(n, m; 0) = u(n\Delta x, m\Delta y; 0)$，再生面での光波の複素振幅分布を $u(l, p; z) = u(l\Delta x, p\Delta y; z)$ とする．ここで，イメージセンサー面での画素ピッチを $\Delta x \times \Delta y$ としている．また，角スペクトル伝搬ではフーリエ変換と逆フーリエ変換を行うので，再生面での画素ピッチはイメージセンサー面と同じである．また，画素数を $N \times M$ とし，整数 n, m, l, p の範囲はそれぞれ，$[-N/2, N/2-1]$，$[-M/2, M/2-1]$，$[-N/2, N/2-1]$，$[-M/2, M/2-1]$ である．このとき，$u(n\Delta x, m\Delta y; 0)$ と $u(l\Delta x, p\Delta y; z)$ のフーリエ変換をそれぞれ，$U(s\Delta f_x, t\Delta f_y; 0)$ と $U(u\Delta f_x, v\Delta f_y; z)$ とする．したがって，

4.2 光波伝搬計算の離散表現

$$U(s\Delta f_x, t\Delta f_y;0)$$
$$= \sum_{n=0}^{N-1}\sum_{m=0}^{M-1} u(n\Delta x, m\Delta y;0)\exp[-i2\pi(ns\Delta x\Delta f_x + tm\Delta y\Delta f_y)] \quad (4.31)$$

$$U(u\Delta f_x, v\Delta f_y;z)$$
$$= \sum_{l=0}^{N-1}\sum_{p=0}^{M-1} u(l\Delta x, p\Delta y;z)\exp[-i2\pi(lu\Delta x\Delta f_x + pv\Delta y\Delta f_y)] \quad (4.32)$$

となる.離散フーリエ変換を適用するためには,

$$\Delta x \Delta f_x = \frac{1}{N}, \quad \Delta y \Delta f_y = \frac{1}{M} \quad (4.33)$$

を満足する必要がある.

このとき,角スペクトル伝搬計算は,(4.13) 式より

$$U(u,v;z) = U(u,v;0)\exp\left[i\frac{2\pi z}{\lambda}\sqrt{1-\left(\frac{u\lambda}{N\Delta x}\right)^2-\left(\frac{v\lambda}{M\Delta y}\right)^2}\right] \quad (4.34)$$

となる.これを逆離散フーリエ変換することで $u(l\Delta x, p\Delta y;z)$ を得ることができる.

次に,角スペクトル伝搬計算に近軸近似を導入するとフレネル回折計算でのコンボリューション計算と等価になることを示す.(4.34) 式において,平方根の中の第2,第3項が1より十分に小さいと仮定すると,

$$U(u,v;z) \approx U(u,v;0)\exp\left[i\frac{2\pi z}{\lambda}\left\{1-\frac{1}{2}\left[\left(\frac{u\lambda}{N\Delta x}\right)^2+\left(\frac{v\lambda}{M\Delta y}\right)^2\right]\right\}\right]$$
$$= \exp\left(i\frac{2\pi z}{\lambda}\right)U(u,v;0)\exp\left\{-i\pi\lambda z\left[\left(\frac{u}{N\Delta x}\right)^2+\left(\frac{v}{M\Delta y}\right)^2\right]\right\} \quad (4.35)$$

となり,(4.19) 式の DFT^{-1} の中身と等価であることがわかる.したがって,角スペクトル伝搬計算はフレネル回折計算とは異なり,近軸近似のない伝搬計算方法であることがわかる.近距離での計算において角スペクトル伝搬計算はフレネル回折計算より計算精度が高いことが示されている[4].しかしながら,広角に伝搬する平面波を含むため,フレネル伝搬計算で述べたように領域外に伝搬する光波の扱いに注意する必要がある.

角スペクトル伝搬計算において,サンプリング定理を満足し,正しい計算を行う手法として帯域制限角スペクトル伝搬計算[5]が提案されている.この計算方法では,解析領域の大きさと伝搬距離から,サンプリング定理を満足しない

周波数帯域の計算を除外し，正しく計算ができるようにする方法である．簡単のため，1次元表記でその原理を示す．

フーリエ面での伝搬式は，(4.13) 式より

$$U(f_x;z) = U(f_x;0)\exp\left(i\frac{2\pi z}{\lambda}\sqrt{1-(\lambda f_x)^2}\right) \tag{4.36}$$

で表される．ここで位置 f_x での局所周波数として

$$F(f_x) = \frac{\partial}{\partial f_x}\left(\frac{z}{\lambda}\sqrt{1-(\lambda f_x)^2}\right) = -\frac{\lambda z f_x}{\sqrt{1-(\lambda f_x)^2}} \tag{4.37}$$

を得る．サンプリング定理より，フーリエ面でのサンプリング間隔 Δf_x から

$$\frac{1}{\Delta f_x} > 2\frac{\lambda z f_x}{\sqrt{1-(\lambda f_x)^2}} \tag{4.38}$$

を満足する f_x までの値を残し，(4.39) 式を満たさない周波数を 0 とする．(4.38) 式を満足する最高周波数 f_{x0} は，

$$f_{x0} < \frac{1}{\lambda\sqrt{1+(2\Delta f_x z)^2}} \tag{4.39}$$

となる．したがって，空間周波数面において以下の操作を行うことでサンプリング定理を満足した計算が実行されることになる．

$$U(f_x;z)\,\text{rect}\left(\frac{f_x}{2f_{x0}}\right) \tag{4.40}$$

$$\text{rect}\left(\frac{f_x}{2f_{x0}}\right) = \begin{cases} 1, & |f_x| \leq f_{x0} \\ 0, & \text{otherwise} \end{cases} \tag{4.41}$$

帯域制限つき角スペクトル伝搬計算の効果を数値計算により示す．$\Delta x = 8\,\mu$m, $M=512$, $\lambda = 632.8$ nm とし，入力光波を 1/e 半幅が 80 μm，伝搬距離を 600 mm としている．ここで，帯域制限関数として計算結果の違いを明らかにするため，(4.40) 式とは異なり $\exp(-2f_x^2/f_{x0}^2)$ を用いた．そのときの伝搬計算後の光波分布は図 4.9 のようになる．通常の角スペクトル伝搬計算では回り込みにより境界周辺で光波分布が大きく振動しているのに対して，帯域制限つき角スペクトル伝搬計算では滑らかであることがわかる．

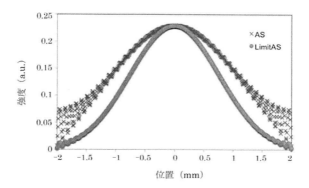

図 4.9 帯域制限つき角スペクトル伝搬計算の効果

4.3 再生上のテクニック

4.3.1 再生面内での移動

off-axis 型ディジタルホログラフィにおける光学系では，干渉縞にキャリア周波数を載せて物体光を DC 項と物体の共役光から分離する．そのため，物体光は斜め方向に伝搬し，再生位置が伝搬距離とともにずれていく．ここでは再生面において物体を面内に移動させる方法を紹介する．(4.6) 式において，x_d, y_d 方向に a, b だけ移動させるためには，連続系において次式の関係を得る．

$$\begin{aligned}
&u(x_d-a, y_d-b;z)\\
&=\iint u(x,y;0)\exp\left\{i\frac{\pi}{\lambda z}[(x_d-a-x)^2+(y_d-b-y)^2]\right\}dxdy\\
&=\exp\left[i\frac{\pi}{\lambda z}(a^2+b^2-2ax_d-2by_d)\right]\times\\
&\quad\iint u(x,y;0)\exp\left[i\frac{2\pi}{\lambda z}(ax+by)\right]\exp\left\{i\frac{\pi}{\lambda z}[(x_d-x)^2+(y_d-y)^2]\right\}dxdy
\end{aligned}$$
(4.42)

積分外の位相項を無視すると，(4.42) 式から元の物体光波に対して，$\exp\left[i\frac{2\pi}{\lambda z}(ax+by)\right]$ の位相項を付加することで再生面で移動させることができ

る．

はじめに，フレネル回折計算における計算手順を説明する．コンボリューション計算では，$\Delta X = \Delta x$ であるため，次式のようにホログラムを変更する．

$$u(n\Delta x, m\Delta y; 0) \rightarrow u(n\Delta x, m\Delta y; 0) \exp\left[-i2\pi\left(an\frac{\Delta x^2}{\lambda z} + bm\frac{\Delta y^2}{\lambda z}\right)\right] \quad (4.43)$$

また，一回フーリエ変換法では画素ピッチが $\Delta x_d = \lambda z / N\Delta x$ であるため，次式のようにホログラムを変更する．

$$u(n\Delta x, m\Delta y; 0) \rightarrow u(n\Delta x, m\Delta y; 0) \exp\left[-i2\pi\left(\frac{an}{N} + \frac{bm}{M}\right)\right] \quad (4.44)$$

次に角スペクトル伝搬において再生像を移動させる方法について述べる．
(4.32) 式より，逆フーリエ変換により再生面での光波分布を求めると

$$u(l\Delta x, p\Delta y; z)$$
$$= \sum_{u=0}^{N-1} \sum_{v=0}^{M-1} U(u\Delta f_x, v\Delta f_y; z) \exp[i2\pi(lu\Delta x\Delta f_x + pv\Delta y\Delta f_y)] \quad (4.45)$$

を得る．再生面において，x 方向と y 方向にそれぞれ a, b 移動させるためには，

$$u((l-a)\Delta x, (p-b)\Delta y; 0)$$
$$= \sum_{u=-M/2}^{M/2-1} \sum_{v=-N/2}^{N/2-1} U(u\Delta f_x, v\Delta f_y) \exp[i2\pi((l-a)u\Delta x\Delta f_x + (p-b)v\Delta y\Delta f_y)]$$
$$= \sum_{n=-N/2}^{N/2-1} \sum_{m=-M/2}^{M/2-1} U(u,v) \exp\left[-i2\pi\left(\frac{au}{N} + \frac{bv}{M}\right)\right] \exp\left[i2\pi\left(\frac{lu}{N} + \frac{pv}{M}\right)\right] \quad (4.46)$$

となることがわかる．したがって，角スペクトル伝搬式において (4.47) 式のように変更することで再生像の移動が可能になる．

(a) シフト量 (0, 0)　　(b) シフト量 (0, 400)　　(c) シフト量 (-300, 400)

図 4.10　1 回フーリエ変換法によるシフトの計算例．画素数 2048×2048 ピクセル，シフト量の単位は画素．

$$U(u,v) \rightarrow U(u,v)\exp\left[-i2\pi\left(\frac{au}{N}+\frac{bv}{M}\right)\right] \quad (4.47)$$

1回フーリエ変換におけるシフト計算の例を図4.10に示す．

4.3.2　ゼロパディングによる再生距離・再生像ピッチの調整

フレネル回折計算ではコンボリューション計算と1回フーリエ変換計算が

$$z_0 = \frac{N\Delta x^2}{\lambda} \quad (4.48)$$

を境にしてどちらを使用すべきかが決まることを述べた．本項では画素数を大きくすることで適用可能な再生距離を変化させる方法を紹介する[6]．式（4.48）から，ピクセル数Nを大きくすることでコンボリューション計算の適用距離が伸びることがわかる．このために，ホログラムの周りに数値0のデータを追加する，ゼロパディング（zero padding）が用いられる．このようすを図4.11に示す．これにより実効的なピクセル数Nを大きくすることができ，(4.48)式でのz_0を長くすることができる．

このゼロパディングは，カラーディジタルホログラフィにおいて異なる波長の伝搬計算での画素ピッチを揃える場合にも用いられる．コンボリューション型フレネル回折計算と角スペクトル伝搬計算では，ホログラムの画素ピッチと伝搬後の画素ピッチが同じであるため，波長に依存することがない．ここでは，1回フーリエ変換型フレネル回折計算での画素ピッチを揃える計算方法について紹介する．例えば，イメージセンサー面において，波長λ_1で一辺の画

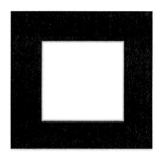

図4.11　ゼロパディングの例

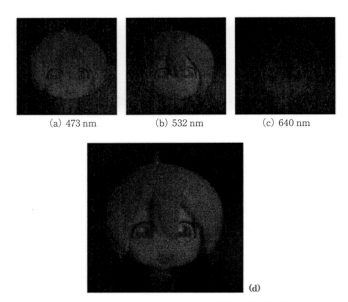

図 4.12 カラーディジタルホログラフィの実験例（[口絵 4] 参照）

素数が N_1 であるとし，波長 λ_2 で一辺の画素数が N_2 であるとする．また，ホログラムの画素ピッチを Δx とする．距離 z 伝搬後の画素ピッチを一致させるためには，

$$N_2 = N_1 \frac{\lambda_2}{\lambda_1} \tag{4.49}$$

となる必要がある．このため，N_2 を増やす方法としてゼロパディングが用いられる．

カラーディジタルホログラフィの実験例を図 4.12 に示す．3 波長として，473 nm，532 nm，640 nm の 3 つのレーザー光を用いた．

4.3.3 1回フーリエ変換法のカスケーディングによる画素ピッチ変換

4.2 節で述べた画素ピッチ変換法では画素数を変更するために画素値 0 で周りを埋める必要があった．本項では，画素ピッチを簡単に変更するためのもう1つの方法として，1回フーリエ変換法によるフレネル回折計算を 2 回連続して行うカスケーディング法を紹介する[7]．

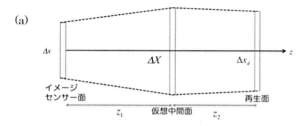

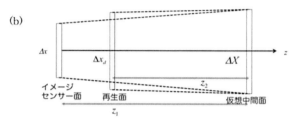

図 4.13 1回フーリエ変換計算法のカスケーディングによる画素ピッチ変換

この方法では，図 4.13 (a) に示すようにイメージセンサー面と再生面の他に仮想中間面を設定する．イメージセンサー面から仮想中間面までの距離を z_1 とし，仮想中間面から再生面までの距離を z_2 とする．このとき，z_1 と z_2 はフレネル回折伝搬計算において1回フーリエ変換計算が適用される距離であるとする．このとき，入力面，仮想中間面，出力面での画素ピッチをそれぞれ Δx, ΔX, Δx_d とする．3つの関係式として，(4.25) 式より

$$\Delta X = \frac{\lambda z_1}{N \Delta x} \tag{4.50}$$

$$\Delta x_d = \frac{\lambda z_2}{N \Delta X} = \frac{z_2}{z_1} \Delta x \tag{4.51}$$

となる．したがって，再生面の画素ピッチは，2つの平面間の距離の比で決まることになる．仮想中間面の位置はイメージセンサー面と再生面の中間にある必要はないため，図 4.13 (b) のような配置をとることで画素ピッチを自由に変換させることができる．

4.3.4 再生位置の探索

これまでに，計算機においてイメージセンサー面からの光波逆伝搬計算により，元の物体を再生できることを示した．ディジタルホログラフィでは，イメージセンサー面からの再生距離を変化させて元の物体像を得る．したがって，どの位置で物体がフォーカスされて再生したかを計算によって求める必要がある．再生位置の探索はオートフォーカシングと呼ばれている．オートフォーカシングを行うための指標として，物体の焦点が合ったときに再生像の輪郭が鮮明になることを検知することが用いられる．このため，微分フィルタやラプラシアンフィルタによるエッジ強調処理，空間周波数情報，分散値などがフォーカス位置を判断する手法として提案されている．ここでは，空間周波数情報を用いてオートフォーカシングを行う方法を紹介する[8]．

物体の再生光波の複素振幅分布を$o(x,y)$とすると，振幅分布は$|o(x,y)|$で与えられる．また，強度分布を$I(x,y)$とする．フォーカス値を表す指標として（4.49）式のように，振幅分布の空間スペクトルにローパスフィルタ，バンドパスフィルタ，ハイパスフィルタなどを適用し，対数和をとったものをFV（focus value）値とする．

$$FV = \sum \sum \log(1 + BP(DFT[|o|])) \tag{4.52}$$

（4.52）式で，BP はバンドパスフィルタを表し，再生物体がもつ特徴的な空間周波数分布を抽出する．このFV値による評価は，生体細胞イメージングなどの位相物体のフォーカス位置の抽出に有効であることが示されている[8]．

実験による再生結果を図4.14に示す．ここでは，バンドパスフィルタは使用せずに，全空間周波数を用いている．3つの再生距離での再生像を図4.14（a）～（c）に示す．図4.14（b）がフォーカスされた再生像である．再生距離に対するFV値の変化を図4.14（d）に示す．この極大値の位置からフォーカス位置は1305 mmであることがわかる．以上の結果から，FV値を使って物体の奥行き方向の再生距離を自動化して求めることが可能である．

このほかには，エッジ検出（GRA, LAP），分散値（VAR）検出，Tamura係数（TC）[9]などがある．評価値は対象物体に合わせて設定する必要がある．

$$GRA = \iint \sqrt{\left(\frac{\partial(|o(x,y)|)}{\partial x}\right)^2 + \left(\frac{\partial(|o(x,y)|)}{\partial y}\right)^2} dxdy \tag{4.53}$$

4.3 再生上のテクニック

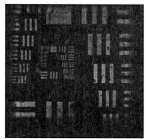
(a) 再生距離 1276 mm

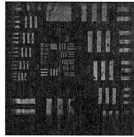
(b) 再生距離 1305 mm

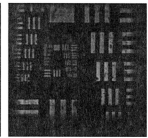
(c) 再生距離 1350 mm

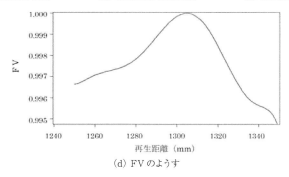
(d) FV のようす

図 4.14 オートフォーカス

$$\mathrm{LAP} = \iint (\nabla^2(|o(x,y)|))^2 dxdy \tag{4.54}$$

$$\mathrm{VAR} = \frac{1}{NM}\sum_{x=0}^{N-1}\sum_{y=0}^{M-1} ||o(x,y)|-\bar{o}| \tag{4.55}$$

$$\mathrm{TC} = \sqrt{\frac{\sigma(I(x,y))}{\bar{I}}} \tag{4.56}$$

(4.55) 式における $\bar{o}$ は平均値を表す．また，(4.56) 式の $\sigma, \bar{I}$ はそれぞれ標準偏差と平均値を表す．

4.3.5 そ の 他

これまでに述べた方法では，計算領域は等間隔サンプリングであったが，最近では不等間隔サンプリングにおける計算方法[10]の適用などがある．また，再生計算の高速化には GPGPU（general-purpose computing on graphics processing units）を用いる[11, 12]．

4.4 まとめ

本章では，ホログラム面から再生面への光波の伝搬計算方法について説明した．一般にホログラム面から再生面の距離が長い場合にはフレネル伝搬計算が用いられるが，近距離では角スペクトル伝搬計算が有用である．フレネル伝搬計算は近似計算が含まれるため計算精度に問題がある場合もあるが，長距離伝搬計算においては計算領域が有限であるので，1回フーリエ変換による計算方法は計算領域の物理的範囲が広がっていくため有効である．また，位相計算に関しても2次の位相項を無視している場合もあるので，位相を正しく計算しているかについては慎重な吟味が必要である．ただし，強度分布のみを最終的に扱うことにおいては全体位相分布は強度分布に寄与しないため，問題とはならない．いずれにしても再生計算法の特性を把握して，正しい計算方法を適用する必要がある．

問　題

4.1 画素ピッチ $10\,\mu\mathrm{m}$，一辺の画素数 1024 のイメージセンサーがある．このイメージセンサーを用いて大きさ $10\,\mathrm{cm}$ の物体を記録するためには，物体とイメージセンサーの距離をどの値に設定すべきか．

4.2 （4.8）式の積分外の位相項 $\exp\left(i\dfrac{\pi}{\lambda z}x_d^2\right)$ に対してサンプリング定理を満足する条件から（4.30）式を導出しなさい．

4.3 （4.39）式を導出しなさい．

解　答　例

4.1 1回フーリエ変換では再生面（記録面）の画素ピッチは $\Delta x_d = \lambda z / N \Delta x$ となる．したがって再生面（記録面）の大きさは，$\lambda z / \Delta x$ となる．
$\dfrac{\lambda z}{\Delta x} = \dfrac{0.532 \times 10^{-6} \times z}{10 \times 10^{-6}} = 10^{-2}$ より $z = 939.85\,\mathrm{mm}$ となる．したがって，イメージセンサー面と物体の距離は $939.85\,\mathrm{mm}$ 以上であれば良いことになる．

4.2 再生面でのサンプリング周期は画素ピッチ Δx_d となる．積分外の位相項

$\exp\left(i\dfrac{\pi}{\lambda z}x_d^2\right)$ の x_d における局所周波数は $F(x_d)=\dfrac{1}{2\pi}\dfrac{\partial}{\partial x_d}\left(\dfrac{\pi x_d^2}{\lambda z}\right)=\dfrac{x_d}{\lambda z}$ である．x_d の範囲は，$[-(N/2)\varDelta x_d,(N/2-1)\varDelta x_d]$ であるから，最大周波数は $N\varDelta x_d/(2\lambda z)$ となる．サンプリング定理より，

$$\frac{1}{\varDelta x_d}>2\frac{N\varDelta x_d}{2\lambda z}$$

を得る．$\varDelta x_d=\dfrac{\lambda z}{N\varDelta x}$ から

$$z<\frac{N\varDelta x^2}{\lambda}$$

が適用距離の条件となる．

4.3 （4.38）式より

$$\frac{1}{\varDelta f_x^2}>4\frac{\lambda^2 z^2 f_x^2}{1-\lambda^2 f_x^2}$$

を得る．この式を変形すると

$$1>\lambda^2(1+4\varDelta f_x^2 z^2)f_x^2$$

となる．したがって，f_x の条件として

$$f_x<\frac{1}{\lambda\sqrt{1+(2\varDelta f_x z)^2}}$$

を得る．

文　　献

1) J.W. Goodman：*Introduction to Fourier Optics*（3rd ed.），Roberts & Company Publishers（2005）．
2) T. Kreis：*Handbook of Holographic Interferometry*, Wiley（2005）．
3) D. Mase et al.：*Opt. Commun.*, **164**, 233（1999）．
4) K. Matsushima and T. Shimobaba：*Opt. Express.*, **17**, 19662（2009）．
5) Y. Zao et al.：*Opt. Express*, **23**, 25440（2015）．
6) P. Ferraro：*Opt. Lett.*, **28**, 854（2004）．
7) F. Zhang, I. Yamaguchi and L.P. Yaroslavsky：*Opt. Lett.*, **29**, 1668（2004）．
8) P. Langehanenberg et al.：*Appl. Opt.*, **47**, D176（2008）．
9) P. Memmolo：*Opt. Lett.*, **36**, 1945（2011）．
10) T. Shimobaba, N. Masuda and T. Ito：*Opt. Express*, **20**, 9335（2012）．
11) 伊藤智義編集：GPUプログラミング入門― CUDA5による実装，講談社（2013）．
12) 寺口　功，松島恭治：日本光学会年次大会講演予稿集，**30**, D2（2011）．

付録A：MATLABによるコンボリューション計算による フレネル回析の関数実装例

```
function
```

```
Recon=FresnelCONV(Comp1,sizex,sizey,dx,dy,shiftx,shifty,wa,d)
%Comp1：ホログラム面での複素振幅分布
%sizex,sizey：ホログラム面の縦横の画素数
%dx, dy：ホログラム面での画素ピッチ（単位は mm）．例えば 9 μm の場合は 9e-3
%shiftx, shifty：再生面での縦方向と横方向のシフト画素数
%wa：光の波長（単位は mm）．例えば波長 632.8 nm の場合は 0.6328e-3
%d：2 平面間の伝搬距離 （単位は mm）

i=sqrt(-1);
x1=-sizex/2;
x2=sizex/2-1;
y1=-sizey/2;
y2=sizey/2-1;
M=sizex;
N=sizey;

[Fx,Fy]=meshgrid(x1:1:x2,y1:1:y2);

% 再生面でのシフトに対する位相関数；式 (4.43)
Dincline=
exp(2.0*pi*i*(Fx*dx*dx*shiftx + Fy*dy*dy*shifty)/(wa*d));

Comp1=Comp1.*Dincline;

% エネルギー保存をしたままの FFT
Fcomp1=fftshift(fft2(fftshift(Comp1)))/sqrt(sizex*sizey);

% コンボリューション計算用の 2 次位相関数；式 (4.19)
FresR=exp(-i*pi*wa*d*((Fx.^2)/((dx*sizex)^2)+(Fy.^2)/((dy*sizey)
^2)));

Fcomp2=Fcomp1.*FresR;

% 逆フーリエ変換による伝搬後の複素振幅分布
Recon=fftshift(ifft2(fftshift(Fcomp2)))*sqrt(sizex*sizey);
```

付録 B：MATLAB による 1 回フーリエ変換による フレネル回析の関数実装例

```
function
Recon=FresnelFT(Comp1,sizex,sizey,dx,dy,shiftx,shifty,wa,d)
i=sqrt(-1);
```

```matlab
x1=-sizex/2
x2=sizex/2-1
y1=-sizey/2;
y2=sizey/2-1;

[Fx,Fy]=meshgrid(x1:1:x2,y1:1:y2);
% 伝搬計算のための2次位相項；式（4.26）
FresR=exp(i*pi*((Fx.^2)*(dx^2)+(Fy.^2)*(dy^2))/(wa*d));
Comp1=Comp1.*FresR;

% 再生面で再生像をシフトさせるための計算；式（4.44）
Decline=exp(i*2*pi*((shiftx*Fx/sizex)+(shifty*Fy/sizey)));

Comp1=Comp1.*Decline;

%1回フーリエ変換による伝搬後の分布の取得
Recon=fftshift(fft2(fftshift(Comp1)))/sqrt(sizex*sizey);
```

5
ディジタルホログラフィの応用

5.1 工業計測応用

5.1.1 はじめに

ディジタルホログラフィを用いた各種計測において，工業的な応用としてはホログラフィ干渉法を用いた物体の変位・変形，振動，形状，欠陥検出，粒子分布計測などが挙げられる[1,2]．この中で変位・変形計測，3次元形状計測は，金型の設計や加工，機械部品等の組み立て加工検査，CADによる設計データとの照合等への応用が期待でき，様々な手法が考案されている．本節では物体の変位・変形計測と形状計測に焦点を絞り，原理と基本的なデータ処理，またいくつかの応用例について記述する．

ディジタルホログラフィを含む非接触な光学的3次元形状計測法は用途に応じて多様な方法が実用化されており[3,4,5]，対象の大きさや性質（粗面，鏡面などの表面性状）に応じて使い分けられている．図5.1にその分類を示す．非接触な光3次元計測技術は能動型と受動型に分けられる．受動型は，対象を撮影した画像などから測定する方式で，両眼，多眼カメラにより取得した画像から三角測量の原理を用いて3次元計測を行う受動ステレオ法と，被写体像の鮮鋭度や陰影，カメラを動かした際の像の動きなどを利用するShape from X法に分けられる．近年開発されたライトフィールドカメラによる3次元計測などもこの受動型に含まれる[6,7]．

能動型は，レーザー光を対象に照射した際の観察結果を利用する方式になる．このうち，三角測量法の原理を応用した手法として，ライン上の光を対象に投影する光切断法や格子状のパターンなどを投影するパターン投影法があ

5.1 工業計測応用

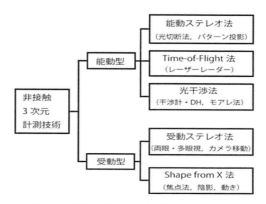

図 5.1 光学的手法による非接触 3 次元計測技術

る．対象に対して照射したレーザー反射光が戻るまでの時間から距離を求める Time-of-Flight 法は遠距離，大型の物体に対して用いられる．ここで説明するディジタルホログラフィ法は，干渉計やモアレ法などとともに光干渉法に含まれる．

これらの 3 次元計測技術は，対象の大きさや求められる精度に応じて使い分けられ，その精度と対象の範囲は図 5.2 のようになる．現在，入手可能な撮像素子の画素サイズ（1 画素数 μm 程度）や画素数（数千万画素）を考えると，ディジタルホログラフィ干渉計による形状・変形計測は，大きさが一辺数十

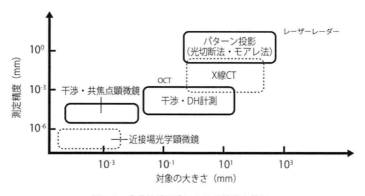

図 5.2 光学的計測法における精度と範囲

cm 程度までの物体を対象とした計測技術となる.

他の画像計測に比べて,ディジタルホログラフィによる3次元計測では,次のような特徴がある[2]:

① 数値的合焦により物体の任意の位置における強度画像と位相分布の両方が取得できる.特に位相分布からは記録波長範囲内で精度の高い3次元形状が得られる.

② 波長多重化が容易であり,二波長法による合成波長により,形状計測の測定範囲を自由に可変できる.

先に述べたライトフィールドカメラも,撮影後の数値的リフォーカスが可能であるが[6,7],位相情報も取得可能なディジタルホログラフィ法ではより高精度な計測が実現できる.また,ディジタルホログラフィ法では上記の特徴に加えて,様々な画像処理技術,高速計算機や最新の電子デバイスとの融合による機能拡張や,測定後の補正処理が可能であるなどの自由度の高さが大きな利点として挙げられる.次項では,ディジタルホログラフィによる形状計測法について説明する.

5.1.2 照明光の波長変化による形状計測

ディジタルホログラフィ干渉法を用いて物体形状を計測する手法は多くの研究者により報告されている[1,2].形状計測の主な手法は基本的には二重露光技術[2]によるものであり,物体の照明方向や照明光の波長を変化させることで,それぞれの照明方位や波長に対する再生像の位相差から物体の等高線を得るものである.静止物体を計測する場合は,照明方位や波長変化前後のホログラム記録時に特別な配慮は不要だが,動的物体を対象とする場合はできる限り高速なホログラム記録を行うか,ストロボ法を用いる[1,8].近年では,ホログラム記録を多重化して1ショット記録する方法がよく提案されている[9〜12].

近年の傾向を表5.1のように大別すると,2〜3波長に対するホログラムを1ショット多重記録する方式と,波長可変レーザーを使用し,多波長でホログラムを記録して広ダイナミックレンジで大型物体を測定する2種類の方式に分かれる.1ショット記録方式では,軸外し記録において,照明光の波長ごとに軸外し角度を多重化して1ショット記録する手法[9〜11]や,偏光イメージングカ

5.1 工業計測応用

表 5.1 最近のディジタルホログラフィ形状計測法の分類

方 法	特 徴	主な対象
1ショット法	2～3波長に対するホログラムを多重記録，高速測定	静的・動的な物体 比較的小さな物体 高速に移動・変化する物体
多波長法	波長可変光源等により数波長以上でホログラムを記録，広ダイナミックレンジ測定	静的・比較的大きな物体

メラを使い照明方向の異なる2つの光を偏光により分離する方法が提案されている[12]．この場合，記録されるホログラムの空間周波数は制限されるが，高速カメラと組み合わせると高速，瞬時測定が可能になるため，流れの可視化や振動板の変形計測なども実現されている．また，位相シフト法においても1回の記録で位相シフトホログラムを得る1ショット記録法がいくつか提案されており，変形，形状計測の場合は2回ホログラム記録を行う必要はあるが，従来よりも高速な計測が可能で応答性の改善と空間分解能の向上が期待できるようになってきた[13]．

一方で多波長を用いる方式では，より多くの波長を使って位相接続処理を要しない計測を可能にする手法も提案されている．また，小さな波長差を得て大きな合成波長を得ることにより100 mmを超える物体の形状計測を行う例も報告されている．この場合，波長差の誤差が測定に大きく影響するが，それを補正する手法も提案されている．

以下では，従来より用いられている光源の波長変化による形状計測の原理（二波長法）について記述する．

a. 二波長法の原理

ディジタルホログラフィにおいて，照明光の波長を変えてホログラム記録を行い，各波長に対する再生像の位相差を求めると，物体の形状が得られる．図5.3に二波長法による形状計測を行う場合の基本的な光学配置図を示す．この図は，光源Sから照射されたレーザー光が物体上の一点Pで反射し，その反射光を観測点Bで観測し，これを物体光としてホログラム記録する配置を示している[2]．

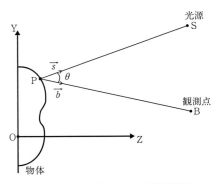

図5.3 二波長法における光学配置図

二波長法による物体の等高線の形成を考えるため，図5.3のように照明光と観測点の方位のなす角がθである場合を考える．2つの波長λ_1およびλ_2でホログラムを記録する間，照明方向や物体，観測点の位置は不変とする．また，周囲の屈折率は1とする．図5.3の経路を考えると，それぞれの波長に対して記録・再生した物体面Pにおける位相ϕ_1, ϕ_2は次式で与えられる．

$$\phi_1 = k_{Q1}\overrightarrow{SP} + k_{B1}\overrightarrow{BP} \tag{5.1}$$

$$\phi_2 = k_{Q2}\overrightarrow{SP} + k_{B2}\overrightarrow{BP} \tag{5.2}$$

ここで，$k_{Q1,2}, k_{B1,2}$は波長$\lambda_{1,2}$に対する伝搬ベクトルである．(5.1)式と(5.2)式からP点における位相差$\Delta\phi(P)$は

$$\Delta\phi(P) = \phi_1 - \phi_2 = (k_{Q1} - k_{Q2})\overrightarrow{SP} + (k_{B1} - k_{B2})\overrightarrow{BP} \tag{5.3}$$

となる．それぞれの光路中の伝搬ベクトルk_Q, k_Bはそれぞれの方位の単位ベクトルを$\vec{s}$および$\vec{b}$とすれば，

$$k_{Q1(2)} = \frac{2\pi}{\lambda_{1(2)}}\vec{s} \tag{5.4}$$

$$k_{B1(2)} = \frac{2\pi}{\lambda_{1(2)}}\vec{b} \tag{5.5}$$

となるので，(5.3)式の位相差$\Delta\phi(P)$は次のように書ける．

$$\Delta\phi(P) = 2\pi\left(\frac{1}{\lambda_1} - \frac{1}{\lambda_2}\right)(\vec{s}\cdot\overrightarrow{SP} + \vec{b}\cdot\overrightarrow{BP}) \tag{5.6}$$

(5.6)式から$\Delta\phi(P)$が一定となる条件は$|\overrightarrow{SP} + \overrightarrow{BP}| = $ constantとなる点であり，この条件を満たす曲線はSとBを焦点とする楕円群となる．また，この

ときの感度ベクトル $\vec{e}$ は

$$\vec{e} = \nabla(\vec{s}\cdot\overrightarrow{\text{SP}} + \vec{b}\cdot\overrightarrow{\text{BP}}) \tag{5.7}$$

で与えられる．ここで，∇ はナブラ演算子である．光学系において，光源 S と観測点 B が物体から十分に遠い場合，楕円は直線に近づく．このとき，P 点における単位ベクトル $\vec{s}$ および $\vec{b}$ は物体上の位置によらずにほぼ一定とみなせるようになるため，次式のように近似できる．

$$\vec{e} = (\vec{s}+\vec{b}) = 2\cos\frac{\theta}{2}\overrightarrow{es} \tag{5.8}$$

ここで，$\overrightarrow{es}$ は感度ベクトル $\vec{e}$ に対する単位ベクトルである．よって，P 点において得られる位相差は

$$\Delta\phi(\text{P}) = \frac{4\pi}{\Lambda}\cos\frac{\theta}{2}|r_p|\overrightarrow{ep}\cdot\overrightarrow{es} \tag{5.9}$$

上式において，$|r_p|$ は基準 O から P 点までの距離，$\overrightarrow{ep}$ は OP に対する単位ベクトルである．位相シフト法などを用いて物体への照明光を垂直入射させ，観察方向を一致させて同軸配置とすることで $\theta=0$ として最大感度を得て，キャリア成分は除去できる[14, 15]．また，Λ は λ_1, λ_2 からなる合成波長を表し，$\Lambda = 1/(1/\lambda_1 - 1/\lambda_2)$ である．等高線の感度 Δh は $\Delta\phi = 2\pi$ に相当するので，

$$\Delta h = \frac{\Lambda}{2} = \frac{\lambda_1\lambda_2}{2\Delta\lambda} \tag{5.10}$$

となる．ここで，$\Delta\lambda = |\lambda_2 - \lambda_1|$ である．物体形状が Δh の範囲内に収まれば，1 つの等高線内での計測が可能になるので位相接続処理[16]が不要になる．波長可変光源等を用いることで波長差が 0.1 nm 以下の二波長計測が実現できれば，10 cm を超える比較的大きな物体の形状計測も可能になる．

b. 信号処理

スペックルノイズ処理　コヒーレントな光で粗面を照らすと，粗面の各点で散乱された光が互いに不規則な位相関係で干渉することにより，斑点状のスペックルパターンが発生する．ディジタルホログラフィではこのスペックルパターンが再生像に現れ，測定精度に影響を与えるノイズとなる．スペックルノイズの低減には，再生像の振幅情報を用いる方法やメディアンフィルタを用いる方法，位相差 $\Delta\phi$ を正弦，余弦に分けた後に移動平均処理を施す方法等がよく用いられる[17~19]．ここでは，各波長に対する再生像の複素振幅積に対して

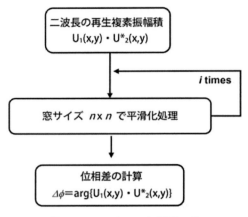

図 5.4 スペックルノイズ処理の例

移動平均処理を施す手法について記述する[19]．この場合，複素振幅積 $U_1 \cdot U_2^*$ に施すフィルタは，次式で示す $n \times n$ 画素の窓サイズの平滑化フィルタである．

$$U_{12}(m, n) = \frac{1}{n^2} \sum_{i,j \in \mathrm{Window}} \sum U_1(i,j) \cdot U_2^*(i,j) \tag{5.11}$$

(5.11) 式の平滑化フィルタを用い，図 5.4 のフローチャートに示すように，二波長法で得られた再生像の複素振幅積 $U_1(X,Y) \cdot U_2^*(X,Y)$ に対して移動平均処理を複数回行う．この処理により，得られる位相差画像 $\Delta\phi$ におけるスペックルノイズが抑制できる．

位相接続処理 物体の起伏の大きさが合成波長より大きい場合や物体の傾きが重畳する場合には，図 5.5 (a) のように位相飛びが発生する．正しい形状を得るには図 5.5 (b) に示す位相接続処理が必要になる．位相の値は $0 \sim 2\pi$ までの値に折り込まれてしまうため，本来の値を得るには不連続点を検出して，適宜 2π の整数倍だけ位相値を付加する必要がある．このとき位相不連続点の検出および接続経路を得るには多くの手法が提案されており，詳細はここではふれないので他の参考文献を参照されたい[16]．位相接続を行うと図 5.5 (c) のような形状を得る．この結果では硬貨左淵に沿った影の部分はデータが欠損しているので形状が得られない．

5.1 工業計測応用

映り込みの除去や傾きの処理 スペックルノイズ処理や位相接続以外にも，光学素子からの反射光により再生像中に生じる映り込みや，物体の傾きの処理が必要になる場合がある．図5.6に示すように，物体の傾きがある場合の処理は傾けた参照光を数値的に作成し，これをホログラムに掛けて再生することでも実現できる[20]．また，往復光路のあるマイケルソン型干渉計で生じやすい反射光の映り込みは，ホログラムをフーリエ変換後に空間周波数領域におけるフィルタ処理で除去できる．特に平面波の映り込みの除去に有効である．これらの処理は図5.6に示すような流れとなる．

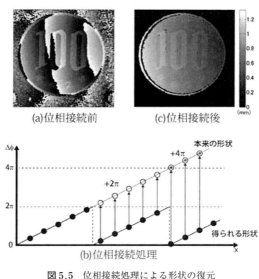

図 5.5 位相接続処理による形状の復元

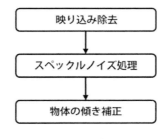

図 5.6 データ処理の例

c. 二波長法による形状計測例

波長を多重化して物体形状を得る場合,波長の異なるレーザーをいくつか用いて光源とする必要がある[21〜37].二波長によって得られる合成波長 $\Lambda=\lambda_1\lambda_2/|\lambda_2-\lambda_1|$ は波長差に逆比例するため,所望の発振波長を得るためには波長可変光源を用いると便利である[22].最も簡単な手法は,半導体レーザーの素子温度や注入電流を変化させることにより生じる波長シフトやモードホップを用いる方法になる[14,38].この場合は,図5.7に示すようにあらかじめ発振波長の温度,注入電流に対する変化特性を調べておく必要がある[38,39].

その他には,色素レーザーなどの波長可変光源[24,25]や外部共振器型の半導体レーザーを用いる[32].この場合は所望の発振波長を比較的自由に選択でき,波長多重化が容易になるので幅広い合成波長 Λ を選択可能になる.多くの合成波長が選択できると,10 mm 以上の段差をもつ物体や 100 mm を超える対象物の3次元形状を得ることができる[17,30,37].

次に,半導体レーザー(波長 658 nm)の注入電流を変化させることで二波長を得て物体の形状計測を行う例を示す.図5.8に示すマイケルソン干渉計型の光学系において,光源に半導体レーザーを使用して硬貨の形状計測を行う.硬貨表面の凹凸は 0.5 mm 程度であるので,二波長の差は (5.10) 式から 0.5 nm 程度とすればよい.この例で選択した波長は 657.40 nm と 657.90 nm で,

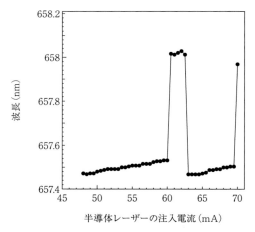

図 5.7 半導体レーザーの注入電流・発振波長特性

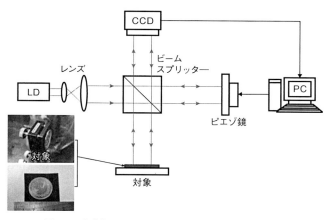

図 5.8 半導体レーザーの注入電流変化による形状計測

合成波長は $\Lambda = 0.85\,\mathrm{mm}$ である．往復光路を考えると，位相飛びを生じない高低差は 0.425 mm 以内となる．

波長差 0.5 nm であれば，ホログラムをフーリエ変換法で像再生した場合における再生像の 1 画素の大きさの差も十分小さくなり，再生像の大きさ調整は不要となる．この例では記録距離 259 mm であり，フーリエ変換法で像再生した場合，再生像 1 画素の大きさはそれぞれ $44.44\,\mu\mathrm{m}$ と $44.41\,\mu\mathrm{m}$ となる．波長差が大きな場合は，再生像の 1 画素の大きさをそろえる処理やホログラム再生方法の選択に注意を払う必要がある．

再生像を図 5.9 に示す．図 5.9 (a) および 5.9 (b) は，それぞれの波長による再生像（位相）である．位相差 $\Delta\phi$ を計算すると図 5.9 (c) のようになる．この縞は二波長法により得られる合成波長 Λ に対する等高縞を示している．硬貨表面の凹凸は等高線感度 (0.425 mm) よりも小さいが，硬貨自体の傾きが重畳されたので位相飛びが生じている．

通常はこの位相差画像に見られるようにスペックルノイズが重畳する．図 5.9 (d) は 5.9 (c) の点線の位置における断面を示すが，このようにスペックルノイズの影響がある場合は位相接続処理が困難になる．したがって，物体形状を得るにはスペックルノイズ低減後に位相接続処理が必要である．
図 5.4 で示したフィルタ処理を窓サイズ 3×3 ピクセルで実施した結果を図

5.10 に示す．

　それぞれの位相差画像（上）と点線部の断面形状（下）を見れば，繰り返し回数に応じてノイズが低減されていることがわかる．しかし，繰り返し回数を多くすると形状におけるエッジ部分が鈍るので，通常は繰り返し3回程度の処理で充分である[19, 29]．

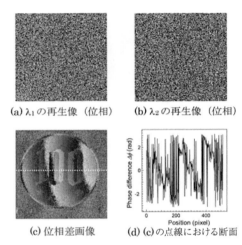

図 5.9　硬貨の形状計測例

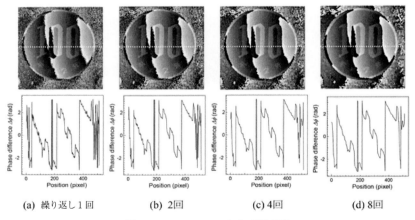

図 5.10　スペックルノイズの低減効果

5.1 工業計測応用

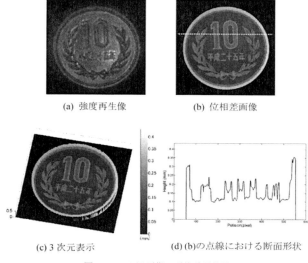

(a) 強度再生像　　(b) 位相差画像

(c) 3次元表示　　(d) (b)の点線における断面形状

図 5.11　10 円硬貨の形状計測結果

この例では，窓サイズ内において周囲の画素に対する重み付けが一様であるため，スペックルノイズ低減と同時に位相不連続点のエッジ部分の鈍りが発生する．ノイズ処理と同時にエッジの保護も考慮する場合にはガウシアン平滑フィルタと組み合わせたアダプティブフィルタなどを検討する必要がある[18]．

同様な例として，10 円硬貨の計測結果を図 5.11 に示す．この場合は，$\lambda_1 = 658.40$ nm，$\lambda_2 = 658.90$ nm の二波長を用いた．この時の合成波長は $\Lambda = 0.868$ mm となるので，0.434 mm の高さ以下の物体であれば位相飛びを生じることなく測定できる．この計測では図 5.6 に示す映り込みの除去や傾き補正も実施している．

実際の二波長法を用いた形状計測では，スペックルノイズ処理以外にもこのような補正処理が必要になる．

5.1.3　様々な形状計測方法

ここでは，二波長法を応用した形状計測法について記述する．二波長法では，異なる2つの波長からなる合成波長により物体表面形状の等高縞が得られ

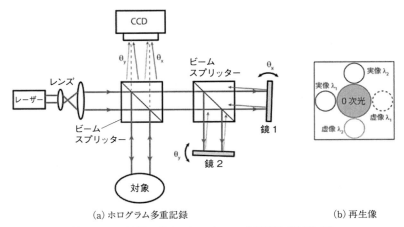

(a) ホログラム多重記録　　　　　　　　　(b) 再生像

図5.12 二波長法に対するホログラムの多重記録（軸外し法）

る．記録波長を増やすことにより，より大きな物体の測定やカラー画像の取得などの情報が得られる．

　二波長法を応用した計測としては，二または三波長を使い，軸外し角度を多重化してホログラムを1ショット記録する方式[9〜11]や，波長可変光源を利用した多波長による大型物体を計測する方式[17, 30〜32]が多くみられる．前者の場合，一度のホログラム記録で二波長法に必要な情報が得られるので，カメラのフレームレートでの測定が可能になり，比較的小さな動的物体の変形や形状計測に応用できる．この方式では，図5.12に示すようにそれぞれの波長 λ_1, λ_2 に対して記録カメラに対する参照光の入射方位を変えて多重記録する．再生像は，ホログラム記録時の軸外し角度を適宜調整すれば図5.12（b）のように波長別に分離する．それぞれの波長に対する再生像からその位相差を得る．

　Fuらはこの手法により振動するカンチレバーの変位と形状計測をカメラのフレームレートで行っている[11]．また，Tankamらは赤色と緑色レーザー光源を使用し，この2波長に対するホログラムを1ショット記録することで回路基板の変形や電子部品の検査に応用している[35]．この場合，赤色と緑色のレーザー光源では波長差が大きくなり，像再生時のフレネル回折積分において1回のフーリエ変換で再生した場合に生じる再生像の大きさの違いが無視できなくなる．ホログラムにゼロパディング処理を施すことで再生像の大きさを揃

えている.

多重化をさらに進めた方式としては，Mann らが三波長に対するホログラムを多重記録した測定を実現している[10]．三波長を用いることで3つの合成波長が得られ測定ダイナミックレンジを広げている．

さらに多くの波長を用いて計測する場合，一般に外部共振器型半導体レーザー[32]や色素レーザー[24, 25, 31]等の波長可変光源が用いられる．静的物体が対象であれば，ホログラム多重記録による空間周波数の制限がなくなり，より大きな物体の測定が可能になる．Carl らは外部共振器型の半導体レーザーを使用し，最大で長さ 30 mm 以上の合成波長を得て，位相シフトディジタルホログラフィにより金属部品の形状計測を実現している[31]．Ishii らも半導体レーザーや外部共振器型半導体レーザーを光源とした多波長ディジタルホログラフィにより最大 100 mm 以上の合成波長による計測を実現している[17, 30, 32]．

多波長を使って形状計測をする際，大きな合成波長を得るには波長差が 0.1 nm 以下の二波長を用いる必要性が生じる．通常は光スペクトラムアナライザーで波長をモニターしながら測定することになるが，測定精度を高めるには波長差の補正が重要になる．この場合の補正方法として，既知の大きさの段差や光路差を用いる方法が提案されている．Ishii らは既知の大きさの段差を再生像に設けることで合成波長の補正を行う手法を提案[32]し，Carl らは参照光路中の一部に既知の屈折率と厚さをもつガラス板を挿入し，ガラス部分の透過光とそれ以外の部分を再生像中に設けることでこの位相差を用いて合成波長を補正している[31]．また，フレネル回折積分をフーリエ変換により像再生する場合は，波長により再生像の大きさが異なるため，この差を使って波長差を推定する手法が Funamizu らによって報告されている[33]．100 mm 以上の大きさの物体の形状を二波長法で測定する場合には，これらのようなポストプロセスも重要になる．

a. 円筒内の計測

大きな物体や円筒内部などの特殊な形状計測では，一度に全面を測定できないため照明光の走査などが必要になる．ここでは，二波長法により円筒内形状を測定する例を示す[40〜43]．図 5.13 に銅パイプ内形状を測定する光学系を示す．内壁面を照明するためパイプ内には円錐鏡を挿入しこれを走査する．光源

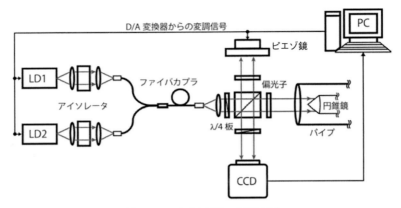

図 5.13 パイプ内計測の光学配置図

は発振波長帯の異なる 2 つの半導体レーザー（LD1, 2）で，シングルモードファイバカプラを介して出射光をレンズで平行光とした後に，ビームスプリッターで参照光と照明光に分ける．照明光はパイプ内の円錐鏡により内壁面を帯状に照明し，その反射光を物体光とする．この配置では，円錐鏡の傾きが無視できれば，照明光がパイプ内壁に垂直入射し観察方向も一致するので形状に対して最大の測定感度が得られる．

光源の二波長を $\lambda_1 = 658.40$ nm, $\lambda_2 = 658.86$ nm とした場合，等高線感度は (5.10) 式より $\Delta h = 0.472$ mm となる．図 5.14 は再生像の位相分布と位相差，およびスペックルノイズ処理後の位相差を示す（記録距離 $Z = 364$ mm）．円錐鏡により再生像は円形となる．

照明範囲における表面形状を得るには，図 5.15 に示すように画像中心から

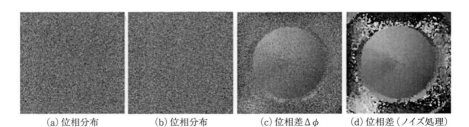

(a) 位相分布　　(b) 位相分布　　(c) 位相差 $\Delta\phi$　　(d) 位相差（ノイズ処理）

図 5.14 再生像（位相分布）の例

の距離 r_n と X 軸からの角度 θ を用いて各画素値を抽出し長方形上に再配列する（図 5.16）．$\Delta\theta$ は，円錐鏡再生像の最外周部における 1 画素の円弧の長さに対応する角度とする．つまり，円錐鏡の中心から最外周部までの半径を r_m とすれば，$\Delta\theta = 1/r_m$ となる．この場合，内周部と外周部では抽出される画素数が異なるので，欠落する画素値 $U(x)$ は隣接する画素値 U_i, U_{i+1} を用いて線形補間する．

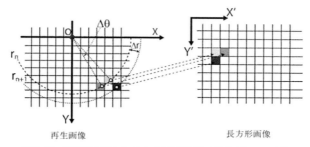

図 5.15　円形再生像からパイプ内照明領域（長方形）への変換

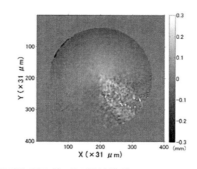

円形な再生像（円錐鏡位置　$\Delta z = 6.0$ mm）

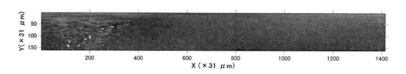

変換後の長方形画像（$\Delta z = 6.0$ mm）

図 5.16　円形再生像から長方形画像への変換（緑青部分の測定結果）

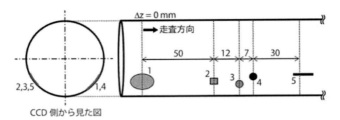

(a) 銅パイプ内に配置した欠陥（1〜5）の位置

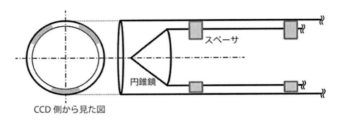

(b) 銅パイプ内に挿入した円錐鏡ロッドの位置

図5.17　銅パイプの測定

$$U(x) = \frac{U_i(x - x_{i+1}) - U_{i+1}(x - x_i)}{x_i - x_{i+1}} \quad (5.12)$$

変換後は，パイプ内径 $D_p = 14.0$ mm，円錐鏡直径 $D_m = 10.0$ mm の比 $D_m/D_p = 10/14$ に圧縮されているので拡大処理する．

　図5.17は，異物を想定して銅パイプ（長さ150 mm，内径14.0 mm）内に作成した，1：緑青，2：銅箔（縦横 2.9×2.6 mm²，厚さ 0.19 mm），3：突起，4：穴（直径 1.90 mm），5：傷の位置を示す．光源の波長は，LD1で $\lambda_1 = 657.34$ nm，$\lambda_2 = 657.73$ nm，$\lambda_3 = 658.03$ nm，LD2で $\lambda_4 = 639.12$ nm の発振波長を得て，形状計測には λ_2 と λ_3 を用い，合成波長は 1.44 mm となる．この程度の大きさの異物が検出できれば，他のパイプ内光計測法[44,45]や超音波や磁気探傷センサと比べても遜色がない．

　一度に測定できる範囲は，円錐鏡の直径 10.0 mm からパイプの長手方向に幅 5.0 mm の領域となる．ただし，円形の再生像の中心付近は画像圧縮率が高く，歪みが大きい．このため，変換後の長方形画像においては，再生像の中心

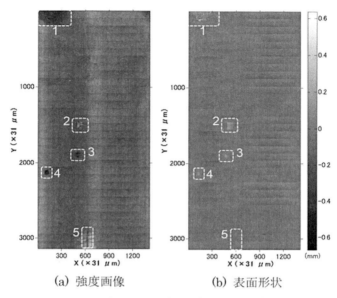

図 5.18 銅パイプの測定結果（[口絵 5] 参照）

付近で歪みの大きい領域を削除する．

　マイクロステージを用いて円錐鏡を 3.0 mm ステップで走査し，銅パイプの長手方向 93.0 mm の範囲を測定した結果を図 5.18 に示す．円錐鏡を走査して得られた画像をつなぎ合わせた画像はパイプ内壁面の展開図に相当し，縦が 93.0 mm で横が 44.0 mm となる．パイプ内に設けた欠陥は，1：緑青，2：銅箔，3：突起，4：穴，5：傷になる．傷の幅が 0.5 mm 未満と狭いため反射光強度が十分でないことから形状での識別が難しいが，それ以外の形状は相対的な位置を含めてよく再現されている．この例のように対象物が大きな場合は，一度に測定が困難なため測定結果をつなぎ合わせる必要が生じる．しかし，ディジタルホログラフィでは得られる結果に対して拡大縮小や連結などが容易に行えるので，様々な測定に対応できる．

5.1.4　変 形 計 測

ディジタルホログラフィ干渉法では変形前後で取得したホログラムの再生

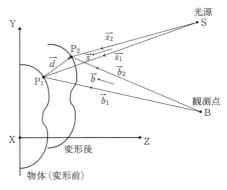

図 5.19 変形計測における光学配置図

像の位相差から変形量が得られる[1, 2]．変形前後における再生像の波面の微細構造は同一であり，変位に相当する巨視的な変化分が干渉縞として現れる．

a. 原理

図 5.19 はディジタルホログラフィによる変形計測を行う場合の光学配置を示す．この場合，物体変形前後でホログラムを記録する．図は光源 S から物体上の一点 P_1 に照射されたレーザー反射光を観測点 B で観測しているようすを示している．このとき，物体が変形し点 P_1 が点 P_2 へ変位した場合を考える．

物体上の点 P_1 が点 P_2 に $\vec{d}$ だけ変位した場合を考える．光源 S から照射され P_1 で反射し観測点 B で記録する変形前の光路長 L_1 と，点 P_2 で反射して点 B に至る変形後の光路長 L_2 は次のように得られる．

$$L_1 = \overline{SP_1} + \overline{BP_1}, \quad L_2 = \overline{SP_2} + \overline{BP_2} \tag{5.13}$$

これより，物体の変形により生じる光路長差 ΔL は次式となる．

$$\Delta L = L_2 - L_1 = (\overline{SP_2} + \overline{BP_2}) - (\overline{SP_1} + \overline{BP_1}) \tag{5.14}$$

ここで図 5.19 の $\vec{s_1}, \vec{s_2}$ をそれぞれ変形前後の照明方向の単位ベクトル，$\vec{b_1}, \vec{b_2}$ を変形前後の観測方向の単位ベクトルとすると（5.14）式は次式のように書ける．

$$\Delta L = (\vec{s_2}\overrightarrow{SP_2} + \vec{b_2}\overrightarrow{BP_2}) - (\vec{s_1}\overrightarrow{SP_1} + \vec{b_1}\overrightarrow{BP_1}) \tag{5.15}$$

通常,変形量 d は観察距離などに比べて十分小さく,SP_1, $SP_2 \gg d$, BP_1, $BP_2 \gg d$ と考えられるので

$$\vec{s} = \vec{s_1} = \vec{s_2}, \quad \vec{b} = \vec{b_1} = \vec{b_2} \tag{5.16}$$

とみなせる.また,変位ベクトル $\vec{d}$ は

$$\vec{d} = \overrightarrow{SP_2} - \overrightarrow{SP_1} = \overrightarrow{BP_2} - \overrightarrow{BP_1} \tag{5.17}$$

である.(5.16) 式と (5.17) 式を (5.15) 式に代入すると

$$\Delta L = (\vec{s_2}\overrightarrow{SP_2} + \vec{b_2}\overrightarrow{BP_2}) - (\vec{s_1}\overrightarrow{SP_1} + \vec{b_1}\overrightarrow{BP_1}) = \vec{d}(\vec{s} - \vec{b}) \tag{5.18}$$

と変形できる.変形前後での再生像間の位相差 $\Delta \phi$ は,波数 k と光路長差 ΔL から求められるため,

$$\Delta \phi = k \cdot \Delta L = \frac{2\pi}{\lambda} \vec{d}(\vec{s} - \vec{b}) = \vec{e}\vec{d} \tag{5.19}$$

と表せる.この式 (5.19) における $\vec{e}$ が感度ベクトルと呼ばれ

$$\vec{e} = \frac{2\pi}{\lambda}(\vec{s} - \vec{b}) \tag{5.20}$$

となる.(5.20) 式より,感度ベクトルと変位ベクトルの内積が変形量として得られる.このため,それぞれのベクトルが直交する場合には変形量が得られず,互いに逆方向を向く場合,つまり物体に対して照明光を垂直入射させ,同一方向で反射光を記録する光学系において感度ベクトルは最大となる.実際の測定においては,感度ベクトルを考慮した光学配置の設計が重要になる.次に平板を傾けた変形計測の例を示す.

b. 平板の傾き測定

変形計測の一例として平板の傾きを計測する.実験系は図 5.20 となる.銅板を回転ステージで回転する前後においてホログラムを記録し,それぞれの再生像の位相差からその変形量を得る.この光学系は同軸記録配置であり照明方向と観察方向が同じになるので,変形に対する感度は最大となる.

図 5.21 は銅板の回転前後に記録したホログラムの再生像を示す.回転角度をそれぞれ 0.016°,0.032°,0.048° としたときに得られたものを示している.銅板は表面が粗面であるため,得られた再生像の位相画像は回転前後でも変化は見られない.回転前後で得られた位相の差を求めると図 5.22 (a)〜(c) の

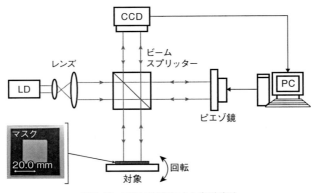

図 5.20　平板の回転による変形計測

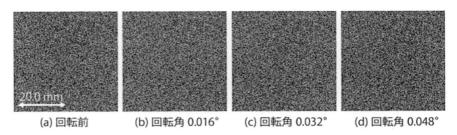

図 5.21　位相画像

ような画像が得られる．これらの結果を得る前に，前項で説明した移動平均処理を 3 回繰り返してスペックルノイズを低減している[19]．

得られた位相差には位相飛びが生じたため位相接続処理を施した．位相接続処理後の位相差分布から (5.20) 式により変形量を得る．図 5.22 (d) に示す破線の位置における図 5.22 (d)～(f) の断面図 5.22 (g)～(i) を見ると，傾きの角度に応じた変形量が得られている．

図 5.22 より得られた銅板回転前後の変位量 d から，実際に銅板に与えた傾き θ を求める．実験条件より，再生像の 1 ピクセルは $42.86\,\mu m$ である．したがって再生像に掛けたマスクの開口が 440×440 ピクセルであることから，再生像における銅板の範囲は $18.86\times18.86\,mm^2$ となる．これより銅板に与えた傾き θ は次式で得られる．

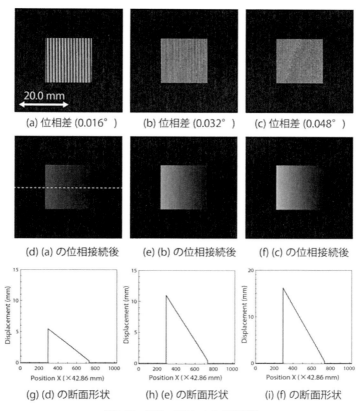

図 5.22 銅板の傾きによる変形計測

表 5.2 銅板の回転角度と変形量の測定結果

銅板の回転角 (°)	変形量 (μm)	変形量から得た回転角 (°)
0.016	5.17	0.016
0.032	10.45	0.031
0.048	15.66	0.048

$$\theta = \sin^{-1}\left(\frac{d}{18.86 \times 10^{-6}}\right) \quad (5.21)$$

図 5.22 から，銅板の傾きを 0.016° と設定したときの変位量 d は 5.17 μm，0.032° としたときは 10.45 μm であった．結果を (5.21) 式に代入すると，表

5.2 に示すような結果が得られ，変位が測定できる．

c. 様々な変形計測の応用

ディジタルホログラフィを用いた変形計測は，1990 年代中盤以降より多くの報告がなされている．このなかで片持ちはりの変形計測への応用[46〜51]が多くみられるが，生体への応用などを想定した人工器官の変位測定にも応用されている[52]．近年では，1 ショット記録による動的物体の変形計測などを行う例も報告されている[53]．さらには，光ファイバイメージガイドを使った内視鏡を用いることで，照明の困難な部位の変位計測を行った例も Osten らによって報告されている[52, 53]．この他には，ホログラムを一定時間間隔で逐次記録することにより，連続的に変位，変形する物体を対象とした計測も行われるようになってきた．そのなかでも，塗料のように表面が時間的に変形するような対象には，逐次記録したホログラムの再生像の位相変化，すなわち塗膜の変形から乾燥を調べる方法もいくつか提案されている[54〜58]．

形状の時間変化測定を応用した手法では，塗装面の非接触，定量的な乾燥評価が可能である．この方法では，塗膜表面からの反射光を物体光として，ホログラムを一定時間間隔で連続して記録する．隣接した記録時間における再生像の振幅と位相情報の変化を解析し，そこから乾燥時間，乾燥分布を評価する．例として位相シフトディジタルホログラフィ[59]を用いた水性合成樹脂塗料の乾燥評価について示す．

d. ホログラム逐次記録と塗料乾燥の評価

塗膜表面の変形や変位を物体再生像の位相変化としてとらえ，同時に塗膜の重量変化を測定する．これにより，ホログラフィによる塗装面の観察と溶剤の揮発に伴う塗膜の重量変化を調べる．この場合の光学系を図 5.23 に示す．金属板上に塗布した塗膜からの反射光を物体光 $U_0(x, y; t)$，ピエゾ鏡（PZT 鏡）で反射した光を参照光 $U_r(x, y; t)$ とし，位相シフト法により塗布後の時刻 t において記録した 4 枚のホログラム $I(x, y; t)$ により物体光の複素振幅 $U_0(x, y; t)$ を得る．

乾燥過程では塗膜の変形や塗膜中の顔料粒子の移動による多重反射や散乱により物体光の位相は激しく変化する[54, 57]．時系列的な変化を評価するために，一定時間間隔 T ごとに位相シフトホログラムを記録する．塗料塗布後の時間 t

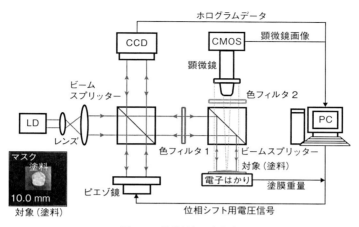

図 5.23　塗膜評価の光学系

および $t+T$ における再生像の位相差 $\Delta\phi(X,Y;t)=\arg\{U(X,Y;t)U\cdot(X,Y;t+T)\}$ の時間変化を，塗装範囲 D 内の位相差 $\Delta\phi(X,Y;t)$ の標準偏差 $\sigma(t)$ を指標とする

$$\sigma(t)=\sqrt{\frac{\sum_{X,Y\in D}\{\Delta\phi(X,Y;t)-\overline{\Delta\phi}\}^2}{N_D}} \quad (5.22)$$

ここで N_D は対象とした範囲内に含まれるデータ数，$\overline{\Delta\phi}$ は平均値である．周囲の外乱等により変化するスペックルノイズを抑制するため複素振幅積 $U(X,Y;t)U\cdot(X,Y;t+T)$ には窓サイズ 3×3 ピクセルで移動平均処理を施す[19]．

　塗布直後は溶剤の揮発や顔料粒子の移動が大きく，再生像の位相変化が大きくなるため (5.22) 式の標準偏差 $\sigma(t)$ の値は大きくなる．反対に，乾燥が進むにつれて塗膜変化が小さくなり標準偏差 $\sigma(t)$ の値が安定する．したがって，乾燥判断には位相変化の終了時点の検出が重要になる．ここでは位相差 $\Delta\phi$ の標準偏差 $\sigma(t)$ の時間変化のグラフから，その傾きが 0 になる時間を検出し乾燥の指標とした．

　図 5.23 は実験光学系を示す．ホログラフィによる観察と同時に塗膜重量変化や塗膜表面の動きを観察するため，電子はかりや CMOS カメラ付き光学顕

微鏡を使用した．光路中に色フィルタを挿入し，顕微鏡観察用照明（波長 464 nm の青色 LED）とホログラフィ用光源（波長 658 nm）を分離する．試料は，黒いマスク開口内に刷毛で塗布した．塗膜変化は比較的ゆっくりであるので，4 段階位相シフト法を採用し，$T=5$ 秒間隔で測定を繰り返す．同様に塗膜重量と顕微鏡画像も 5 秒ごとに記録する．塗膜乾燥を追従するため，測定時間は 11 分を超える．乾燥速度は温度や湿度，空気の流れに依存するため，周囲の環境変化の与える影響が大きくなる．したがって，実験光学系は金属フレームなどで作成した箱に入れ，空気の流れなどの外乱を避ける必要がある．

e. 乾燥評価

図 5.24 は，塗料の塗布後 $t=0$ 秒から 1000 秒後までの各時間の位相分布と，その $T=5$ 秒後の位相分布との位相差 $\Delta\phi(X, Y; t)$ を示している．これは塗膜の変形や変位の分布を示す．図 5.24（b）は，塗布後 80 秒までの顕微鏡画像（塗膜中央付近）を示している．位相差画像では，スペックル状のパターンの中で，明るさが一様なエリアが塗膜縁側から時間経過とともに広がっていき，塗布後 1000 秒でほぼ全面に広がる様子が示されている．これは乾燥によ

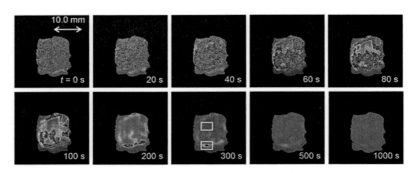

(a) 塗布後の各時間における位相差分布 $\Delta\phi(X, Y; t)$

(b) 塗布後の各時間における顕微鏡画像

図 5.24　塗布後の塗膜の変化

5.1 工業計測応用

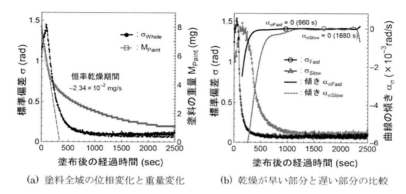

(a) 塗料全域の位相変化と重量変化　　(b) 乾燥が早い部分と遅い部分の比較

図 5.25　塗料全域の位相変化と重量変化の比較と局所的な乾燥評価

り溶剤が揮発し，塗膜中の顔料や樹脂が固化し，位相変化が小さくなるためである．また，塗布後 300 秒後の位相差画像中に示す白い実線で囲んだ範囲は，上が乾燥の比較的早い部分，下が乾燥の最も遅い部分である．位相差画像で確認される変化に比べ，顕微鏡画像では塗布後 40 秒以降では大きな変化は見られない．

塗膜の均一化に伴う顔料粒子の移動は比較的短い時間で終了し，以後は溶剤の揮発に伴う塗膜厚さの減少が主であると考えられる．

塗膜乾燥を定量的に評価するために，図 5.24（a）で示す塗布範囲内の位相差 $\Delta\phi(X, Y; t)$ の標準偏差 σ を計算し，その時間変化を調べる．図 5.25 は，塗布範囲全体内の標準偏差 σ_{Whole} と塗料重量 M_{Paint} の変化を示す．重量の減少率が一定となる恒率乾燥期間では，塗膜に含まれる溶剤の揮発が多く，顔料の移動なども起こるため位相変化が大きい．重量の減少率が低下する減率乾燥期間になると，塗膜表面が固まり始め反射光の位相変化が少なくなることが図 5.25（a）の σ の変化から見てとれる．塗布後 1000 秒程度では図 5.24（a）の位相差画像の変化からも予想される通り位相変化はほぼ一定となる．

図 5.25（b）は塗布後 300 秒の位相差像に示した上下の白い四角の領域内における標準偏差 $\sigma_{Fast}, \sigma_{Slow}$ の時間変化を表す．位相変化が停止する時間を推定するため，標準偏差 σ のグラフに多項式を最小 2 乗近似より求めてその曲線の傾き α の変化を調べた．この傾きが 0 になる点が位相変化の終了した時間

となる．グラフを見ると，上の四角い領域は乾燥が早く960秒程度で落ち着くのに対して，最も乾燥の遅い下の四角い領域では1680秒程度で乾燥している．

5.1.5 ま と め

以上，ディジタルホログラフィを用いた形状計測と変形計測について示した．従来のホログラフィでも同様な手法による計測法は多く研究されているが，ディジタル化したことで測定の簡便性，高速化が図られ，より実用に近づいているといえる．近年では，1回のホログラム記録で二波長法に必要な情報が取得できる手法が提案され，振動などの外乱の影響を考慮しなくてもよい段階に来ている．二波長法による形状計測では，光源の波長を多重化することでより大きな合成波長が得られるようになり，より大型の物体の形状計測などへの適用性も示されている．

本節ではこのような形状計測のなかで，二波長法の技術を応用した直管内の表面形状計測法について信号処理なども含めて記述した．さらに変形計測においては原理や信号処理について示し，応用として時系列ホログラム記録を基にした塗料乾燥評価法を加えた．塗布面からの反射・散乱光を物体光として一定時間間隔で連続的に記録し，各再生像間の位相差の標準偏差を求めてその時間変化を調べることで，塗膜の乾燥時間を推定できる．また，解析範囲を分割することで，乾燥ムラがわかり，従来では難しかった乾燥分布についても調べることができる．

このようにディジタルホログラフィによる変形・形状計測法は，今後も工業応用を中心とした高精度計測法の一つとして発展してゆくことが期待される．

問　題

5.1　波長可変レーザーを使って直径3cmのコインの表面形状を二波長法により測定したい．手元には画素ピッチ$5.5\,\mu m$，一辺の画素数1024のイメージセンサーがあり，コイン表面の凹凸は0.5mm以内である．光源の波長$\lambda_1 = 658.0\,nm$であるとき，位相接続を不要とするには，組み合わせるべきもう一方の波長λ_2（$>\lambda_1$）はいくらにすればよいか．また，1回のフーリエ変換で像再生する場合，コインを測定する際の記録距離はいくらにするのが適当か．

解 答 例

5.1 二波長法により形状計測する場合，コインに対して照明方向と観測方向を一致させて（同軸配置），入射角 0°で照明するとよい．この条件では，位相シフト法を用いる．往復光路を考慮すると，h_{max} を凹凸の最大値とすれば，位相飛びを生じずに表面形状測定するのに必要な合成波長 Λ は，$\Lambda \geq 2h_{max}$ より，$\Lambda \geq 1.0$ mm となる．

合成波長は $\Lambda = \lambda_1 \lambda_2 / \Delta\lambda$ で与えられるので，$\lambda_2 = \lambda_1 + \Delta\lambda$ とすれば，$\Delta\lambda \leq \dfrac{(\lambda_1)^2}{1.0 \times 10^{-3} - \lambda_1} \approx 0.43$ [nm] と計算できる．したがって，$\lambda_2 = 658.4$ nm とすればよい．

また，コインの直径は 3 cm なので，位相シフト法において，1 回フーリエ変換で像再生する場合は，再生面の大きさ $\dfrac{\lambda z}{\Delta x} = \dfrac{658 \times 10^{-9} \times z}{5.5 \times 10^{-6}} = 3.0 \times 10^{-2}$ より，$z = 250.76$ mm となる．よって，イメージセンサーと物体との距離は 250.8 mm 以上とすればよいことになる．

ただし，二波長の差 $\Delta\lambda$ が大きい場合，1 回のフーリエ変換で像再生する場合には，再生面の画素ピッチが λ_1 と λ_2 で大きく異なる場合が生じる．このときは，再生像の大きさを揃える必要があるので注意を要する．

5.2 ディジタルホログラフィック顕微鏡とそのバイオ応用

イメージング技術としてのディジタルホログラフィの最大の利点は，1 枚のホログラムに測定対象物の 3 次元的な空間情報を記録できる点である．厳密に言えば，測定対象物を含み光軸に垂直な面における波動場の振幅と位相の情報を再生することができる．特に位相分布を定量的に再生できるという点は重要であり，ディジタルホログラフィのイメージング系を顕微光学系に構成することにより，微細な位相構造を有する生体組織や物質の分析に威力を発揮する．従来の微分干渉顕微鏡や位相コントラスト顕微鏡は基本的には位相物体を可視化することが目的であり，特別な工夫を施さない限り測定対象物のもつ位相分布を定量化することは困難であった．さらに，深さ方向の観察には通常の光学顕微鏡と同様に対物レンズの焦点位置を機械的に移動させる必要がある．しかしながらディジタルホログラフィック顕微鏡は，取得したホログラムに光源のコヒーレンス長程度の深さ分だけの情報が含まれているため，計算機上で波面の逆伝搬計算を行う際に任意の深さにおけるスライス像を得ることができる．

これは繰り返し再現が困難な現象であっても，一度撮影するだけで後から計算機上で様々な深さ位置の強度や位相情報を再生することができることを意味し，この点においてもディジタルホログラフィック顕微鏡は物理現象の観察に有用とされている．ディジタルホログラフィに関する基本的な解説は既に前章までに述べられているので，本節ではディジタルホログラフィック顕微鏡に特有な基本原理や計測応用の例について述べる．

5.2.1 ディジタルホログラフィック顕微鏡の基本原理

ディジタルホログラフィック顕微鏡の光学系は基本的には 2.5 節で解説した 2 光束干渉計で構成される．透過型の観察ではマッハ–ツェンダー型干渉計，反射型の観察ではマイケルソン型干渉計が代表的である．異なる点は，顕微観察をするために物体光をレンズなどによって拡大して撮像素子へ導く必要があることである．ただし，物体光を拡大するに伴って撮像素子に到達した時の波面の曲率が変わってしまうので，参照光路にも同様の拡大光学系を挿入するなどして撮像素子面における物体光と参照光の波面の曲率が一致するような操作は必要となる．

例として透過型観察のためのマッハ–ツェンダー干渉計の光学系を図 5.26 に示す．左上が光源であり，コヒーレンス長の長いレーザーや低コヒーレンス光源である LED やスーパールミネッセントダイオード（SLD）などを使用することができる．コヒーレンス長の長い光源を使用して光学系を構築することは比較的容易であるが，光路の途中に配置した各種光学素子からの多重反射光同

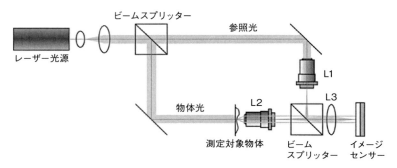

図 5.26 マッハ–ツェンダー型干渉計で構成された透過観察型のディジタルホログラフィック顕微鏡

士が干渉するなどして，得られるホログラムや，結果的に再生される像の品質はやや劣る．一方，低コヒーレンス光源のコヒーレンス長は高々数十 μm 程度であることが一般的であり，物体光路と参照光路との光路長の差をそれ以下の精度で調整することは若干の技術を要する．両者の光路長差がコヒーレンス長よりも大きい場合，イメージセンサ上には干渉縞は見えない．しかし物体光路と参照光路のどちらが長いのか，どれくらい長いのかはわからない．したがって，光路長差がゼロとなる位置を探すために調整の方向をこまめに変えながら，一瞬だけ見える干渉縞を見逃さずに光路長差ゼロの位置を特定する必要がある．

単純に測定物体の透過率や位相分布を計測するだけであれば光源から射出した光の偏光状態を気にする必要はないが，複屈折性を有する物体の速軸や遅軸方向の屈折率分布を測定する場合などは，光源から射出される光を 45°方向へ偏光させて，光の分割には偏光ビームスプリッターなどを利用することもできる．

ビーム径を広げるためには，顕微鏡対物レンズなどのように焦点距離の短いレンズとピンホールを組み合わせたスペイシャルフィルタを用いるのが一般的であるが，これはビームスプリッターの前に 1 つだけ配置してもよいし，ビーム分割後の物体光路と参照光路に独立して配置してもよい．しかし実際の干渉計の操作では，物体光と参照光の光の強度比を微妙に調整しながらホログラムを生成することになる．そのため，透過率を連続的に変化させることができる ND フィルタを使用する場合を考慮すると，ビームを分割した後に物体光と参照光で個別にスペイシャルフィルタを配置した方が使い勝手がよい．

図 5.26 の光学系では左上のビームスプリッターから右方向に伸びるのが参照光，下に伸びるのが物体光である．物体光の光路上の適当な位置に測定対象物体を配置する物体面を決め，この物体面が拡大されて撮像素子上に結像するように 2 枚のレンズ L2 と L3 を挿入する．このとき物体面と撮像素子面は互いに共役な位置関係になるので，測定物体が挿入されていないときは撮像素子に入射する波面は平面波である．一方の参照光路にも波面の曲率を一致させるために L2 と同じレンズ L1 を対応する位置に配置すると，やはり参照光路から撮像素子に届く波面も平面波になる．

物体光と参照光の光軸を一致させて光学系を構成した場合，理想的な状態であれば撮像素子上では2つの平面波が平行に重なるので干渉縞は生じない．しかしながらこのままでは0次回折光が重畳した状態でホログラムが記録されてしまうので，実用的にはホログラムを生成するために大きく分けて2通りの方法，光軸を一致させたまま参照光路の位相を段階的に変化させながら複数のホログラムを記録する位相シフト法と，参照光路の光軸を意図的に傾けてホログラムに搬送波（キャリア）を与える off-axis 法のいずれかを用いるのが一般的である．いずれの場合でも，物体光路に測定対象物体を配置すると物体光の強度が落ちるため，ND フィルタなどを用いて両光路から撮像素子に届く光の強度が同程度になるよう調整し，干渉縞のコントラストを最大にする必要がある．なお，この光学系の場合は物体面と撮像素子面が共役関係にあるため，生成されるホログラムはイメージホログラム[60, 61]となり，物体面における透過率や位相の再生のためには光波の逆伝搬計算は必要ない．ただし，物体面を外れた位置にフォーカスするためには回折場におけるホログラムから物体像を得るのと同様の数値計算をする必要がある[62, 63]．

　ホログラムの記録に関しては第3章で解説しているためここでは割愛する．次に，off-axis 型の配置で取得したイメージホログラムから物体の振幅と位相分布を再生する例を挙げながらホログラムの再生処理を解説する．測定対象物体としては，位相型回折素子であるキノフォームを使用した．図5.26のL2，L3の焦点距離はそれぞれ 11.7，150 mm であり，したがって物体の拡大倍率は 12.8 倍である．また，このときに撮像素子（CCD）で取得できる視野範囲は横縦が 0.38×0.28 mm である．取得したホログラムを図5.27（a）に示す．ホログラムの一部を拡大して示した図からわかるように，高い密度でほぼ等間隔の干渉縞が見られるが，これは off-axis 型の配置によって与えられた搬送波である．このホログラムは物体面を結像したイメージホログラムであるが，測定対象物体は透明な位相物体であるため，ホログラム上に物体の表面構造は明瞭には見えない．次にこのホログラムから搬送波を除いた位相成分を取り出すのであるが，数学的にはヒルベルト変換を行うことになる．

　観測可能な実信号は一般的に，独立に変化する振幅と位相からなることが多い．複素平面上に，原点からの距離が振幅，実軸とのなす角が位相となるよう

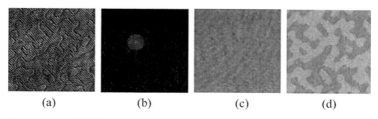

図 5.27 (a) 撮像素子上のホログラム，(b) ホログラムの2次元フーリエ変換，(c) 再生された波面の振幅分布と (d) 位相分布．図の一辺の実際のサイズは約 0.1 mm.

に実信号をプロットして表現したものを解析信号と呼ぶが，ヒルベルト変換は実信号から解析信号の実部と虚部を求める数学的手法である．ホログラムは観測可能な実信号であるため，ヒルベルト変換によってその実部と虚部を求めることで振幅と位相に分離できるのである[64]．今，簡単のため x 軸のみに関するホログラムのパターン（強度分布）を $I(x)$ として以下のように書く．

$$I(x) = I_R + I_S(x) + 2\sqrt{I_R I_S(x)} \cos[fx + \phi(x)] \tag{5.23}$$

ここで I_R と I_S はそれぞれ物体光と参照光単独による強度分布，f は搬送波の空間周波数，$\phi(x)$ は物体の位相分布で，今我々が求めたい量である．特にこのうち右辺第3項の振動成分だけを取り出して

$$u(x) = 2\sqrt{I_R I_S(x)} \cos[fx + \phi(x)] \tag{5.24}$$

と書く．これは実関数であるが，上述のようにヒルベルト変換によって $u(x)$ に直交した関数を求め，これを虚部とする解析信号をつくると以下のようになる．

$$z(x) = u(x) + \frac{i}{\pi} \int_{\infty}^{\infty} \frac{u(x')}{x - x'} dx' \tag{5.25}$$

(5.23) 式のコサインの引数は，$z(x)$ が複素平面の実軸となす角なので，

$$fx + \phi(x) = \tan^{-1} \frac{\mathrm{Im}[z(x)]}{\mathrm{Re}[z(x)]} \tag{5.26}$$

として求めることができ，最終的に物体の位相分布 $\phi(x)$ は

$$\phi(x) = \tan^{-1} \frac{\mathrm{Im}[z(x)]}{\mathrm{Re}[z(x)]} - fx \tag{5.27}$$

となる．すなわち，本来振幅と位相という独立した2つの情報をもつ干渉縞を実関数として測定し，ヒルベルト変換によって複素関数である解析信号を求め

ることで振幅と位相をそれぞれ取り出すことが，off-axis型ディジタルホログラフィの信号処理の根幹である．

　計算機上では高速フーリエ変換（FFT）によってフーリエスペクトルを求め，適当なフィルタをかけた後に逆FFTを行うことで実現できる．図5.27 (b) にホログラムのフーリエスペクトルの実部を示す．0次とそれを挟んで2つのピークが見えるが，このうち片方のピークのみを切り出すようなフィルターをかけて逆フーリエ変換を行う．振幅は逆フーリエ変換の結果から直接求めることができる．一方，位相を求めると2πで折り畳まれているので，2次元的に位相を接続する処理（位相アンラップ）を行う．この位相アンラップには現在様々な手法が提案されている．最も単純な方法は2πの位相飛びの起こっている箇所で隣接点を順次接続していく近傍接続法であるが，ノイズのある実測信号ではより安定した処理ができるアルゴリズムも提案されている．2次元面上にツリー構造パターンを置き位相を接続する経路を決定するMST (minimum spanning tree) 法[65]，位相面がエネルギー状態をもつとみなして接続前後のエネルギー状態をそれぞれ最大，最小と考えることで，反復計算を行いながらエネルギー最小の状態，すなわち接続が完了した状態を探索するエネルギー最小化法[66]などがある．これらのアルゴリズムはプログラム用のライブラリとして配布されていたり，解析ソフトウェアに組み込まれていることも多いので，適宜これらを有効に活用しつつ処理を行えばよい．位相接続の完了後には参照光の傾斜に相当する位相の傾きを補正すれば，測定対象物体の位相分布が求められる．図5.27 (c) と (d) にそれぞれ振幅と位相分布を示す．測定対象物は透明な材質のキノフォームであるため，振幅分布はほとんど均一であるが，位相分布からはキノフォームの微細な厚み分布がわかる．このキノフォームは4ステップの厚みで製作されていることが見てとれる．

　この例からもわかるように，ディジタルホログラフィック顕微鏡を使用するメリットは物体の位相分布が定量的に測定できる点である．ホログラムを再生すれば複素振幅が求められるため，物体面の振幅分布も得られるが，これは一般的な光学顕微鏡を用いた測定でも観察できる像である．一方の位相分布は，微分干渉顕微鏡や位相コントラスト顕微鏡を含めた従来型の光学顕微鏡では定量的な測定はできず，この点においてディジタルホログラフィック顕微鏡は，

生体観察をはじめとして透明に近い物体の位相分布計測に有用なのである．ここで挙げた例では実施していないが，取得した1枚のホログラムからフォーカス位置を任意に変更することができるのもディジタルホログラフィック顕微鏡の大きな利点である．ライトフィールドカメラのように撮影後にフォーカスを移動して，観察したい位置の合焦像を得ることができる．フォーカスを自動化するためにはコントラストAFのような一般的なオートフォーカス原理を使うこともできるが，ディジタルホログラフィの特徴を生かしたオートフォーカス原理も提案されている[67]．

5.2.2 ディジタルホログラフィック顕微鏡による計測例

前項では，ディジタルホログラフィック顕微鏡として最も簡単な構成であるマッハ-ツェンダー型干渉計を用いた計測の例を解説したが，本項では再生像の精度や光学系の安定性を向上させる工夫を施したディジタルホログラフィック顕微鏡の例をいくつか紹介する．表5.3は以下に紹介するディジタルホログラフィック顕微鏡の特徴をまとめたものである．

表5.3 各種ディジタルホログラフィック顕微鏡の特徴

光学系	特　徴
フーリエ位相顕微鏡	物体光と参照光が共通光路を通るので安定的．位相シフトが可能．
回折型位相顕微鏡	物体光と参照光が共通光路を通るので安定的．off-axis型．
全反射型DH顕微鏡	物体表面近傍をエバネッセント波で計測．参照光路は別光路．
暗視野DH顕微鏡	顕微鏡の暗視野観察と同様に回折限界以下の微小物体の検出が可能．
走査型DH顕微鏡	物体照明光を2次元的に走査し，点検出器でホログラムを取得する．空間的にインコヒーレントな光源の使用が可能．
キューブ型ビームスプリッターを用いたDH顕微鏡	ビームスプリッターの半分ずつを物体光と参照光の光路に利用．光路がほぼ共通なので安定したホログラムが得られる．

a. フーリエ位相顕微鏡

フーリエ位相顕微鏡は物体光と参照光が共通の光路をもつ位相シフト型のディジタルホログラフィック顕微鏡である．光学系を図5.28に示す．左から光源の光が進行してきて測定対象物体を透過する．ビームスプリッターを透過した光はフーリエ変換レンズを通り，レンズから焦点距離だけ離れた場所にある反射型の空間位相変調素子（SLM）に入射する．このとき，物体面を透過した光の0次回折光は空間位相変調素子のちょうど中心に集められる．これが反射して再度フーリエ変換レンズを通ると参照光とみなすことができる．また，空間位相変調素子の中心点以外の点に入射した光は物体光と考えることができる．空間位相変調素子のちょうど中央の点の位相を段階的に変化させ，その都度ホログラムを記録すれば位相シフト型のディジタルホログラフィとして動作する．もしも空間位相変調素子に全く位相分布を与えず，単に平面鏡とした場合は，物体面における光波動場の振幅と位相がそのままイメージセンサー上に再生される．この光学系は，位相シフトを与えるための機械的可動部をもたないことに加えて，参照光と物体光が共通の光路を通るため非常に安定していることが特徴である[68, 69]．この光学系に用いる光源はコヒーレンス長の長いレーザー光源を用いることもできるが，光学素子の表面で反射した光がつくる不要な干渉パターンや回折パターンを含まないような，より高品質なホログラムを得るために，スーパールミネッセントダイオードのような低コヒーレンス光源を用いることもできる．

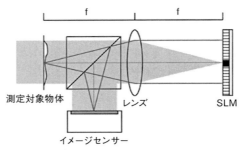

図5.28　フーリエ位相顕微鏡の光学系
左から入射する光が光源からの光．

イメージセンサー上における参照光の波動場を E_0, 物体光の波動場を $E_1(x,y)$ とすれば，干渉光強度 $I(x,y;n)$ は以下のように表せる．

$$I(x,y;n) = |E_0 + E_1(x,y)|^2$$
$$= |E_0|^2 + |E_1(x,y)|^2 + 2|E_0||E_1(x,y)|$$
$$\times \cos[\Delta\phi(x,y) + n\pi/2], (n=0,1,2,3) \quad (5.28)$$

n は空間位相変調素子の中央点の位相を制御することで与える4つの位相ステップを表す．$\Delta\phi(x,y)$ は参照光 E_0 と物体光 $E_1(x,y)$ との位相差であり，これを求めることがこのディジタルホログラフィック顕微鏡による計測の目的である．位相差 $\Delta\phi(x,y)$ は通常の位相シフトディジタルホログラフィによる位相回復と同様に

$$\Delta\phi(x,y) = \tan^{-1}\left[\frac{I(x,y;3) - I(x,y;1)}{I(x,y;0) - I(x,y;2)}\right] \quad (5.29)$$

とし，必要に応じて位相アンラップを行って連続した位相分布を求める．

b. 回折型位相顕微鏡

フーリエ位相顕微鏡と同様に物体光と参照光が同じ光路を通る安定な光学系であるが，フーリエ位相顕微鏡が4ステップの位相シフトディジタルホログラフィであるのに対して回折型位相顕微鏡はワンショット型であり，1枚のホログラムから位相の定量回復が可能である．生体試料のように動きのあるサンプルの位相分布を計測する際は高速な記録が求められるため，複数枚のホログラム記録が必要な位相シフト法にくらべて有利である．光学系を図5.29に示す．

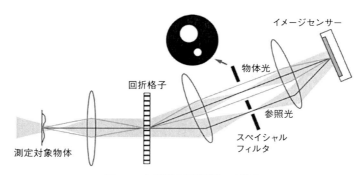

図5.29 回折型位相顕微鏡の光学系
左から入射する光が光源からの光．

ここでは試料を拡大して撮像することを考えているため，図に記載していない無限系顕微鏡に試料をセットし，外部出力ポートなどから取り出した光が図の左から入射するものとする．最初のレンズはリレーレンズとして働き，レンズの焦点距離だけ離れたところにある位相型回折格子の位置に試料の像を作る．回折格子を透過した光のうち，0次回折光と1次回折光を図示してある．回折格子とイメージセンサーを4f光学系で結ぶように2枚のレンズを配置する．フーリエ面には2つの小孔をもつフィルタを置く．これは0次回折光，1次回折光それぞれに対して空間周波数フィルタとして作用する．0次回折光が通る位置には小さなピンホール，1次回折光が通る位置にはやや大きめの穴が開いており，これによってイメージセンサー上では0次回折光は空間的に均一な参照光として，1次回折光はもとの試料の空間周波数情報を保持したままの物体光として重畳されて干渉縞，すなわちホログラムを生成する．なお，2次以上の回折光はこの空間周波数フィルタリングによってカットされる．2つの光波が重なるときの光軸は平行ではないのでホログラムは搬送波が乗ったoff-axis型のホログラムになる[70]．この光学系は先に述べたフーリエ位相顕微鏡のように物体光と参照光が完全に同一の光路を通るわけではないが，通過する光学素子は両者で共通でわずかに光軸がずれている程度であるために，やはり安定したホログラムの生成ができることが特色である．

イメージセンサー上の波動場は，参照光の波動場 E_0 および物体光の波動場 $E_1(x,y)$ を用いて，

$$E(x,y) = |E_0|e^{i[\phi_0+\beta(x,y)]} + |E_1(x,y)|e^{i\phi_1(x,y)} \tag{5.30}$$

である．ここで，$\beta(x,y)$ 次回折光への回折格子による空間周波数のシフトである．これ以降の試料の位相回復の原理は通常のoff-axis型ディジタルホログラフィと同様である．すなわち，イメージセンサーで撮像したホログラムをヒルベルト変換によって複素数としての解析信号に変換し，そこから位相を取り出すという流れである．

c. 全反射型ディジタルホログラフィック顕微鏡

物体光路の途中に内部で全反射を起こすようなプリズムを挿入し，測定対象物体を全反射面に接触させることで，物体の表面を移動するような細胞や微小器官の測定に有効な特徴をもたせたディジタルホログラフィック顕微鏡であ

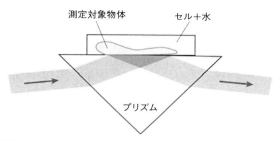

図 5.30 全反射型ディジタルホログラフィック顕微鏡の光学系のうち,プリズム周辺の配置

る.測定対象物を配置するプリズム周辺を図 5.30 に示す.これは,例えばマッハ-ツェンダー型干渉計の物体光路の一部に挿入することを想定しており,したがって参照光はこの図とは別の光路を伝搬してホログラム面で干渉すると理解されたい.図の左側から進行してきた物体光はプリズムに入射すると同時に屈折し,プリズム上面に何らかの角度でぶつかる.プリズム上面の上には水などの液体に浸された測定対象物体がある.このとき,プリズムおよび物体の屈折率差と物体光の入射角が全反射条件を満たしていれば,プリズム上面に達した物体光は全反射して図のように右側の面からプリズム外部へ抜ける.物体光がプリズムの上面で全反射するときにエバネッセント波が物体の内部に入り込み,これによって物体光の位相分布に変化が生じる.全体的な光学系は,マッハ-ツェンダー型干渉計のような 2 光束干渉計なので,物体光と参照光を並行にして位相シフト型の計測をすることも,両軸をずらして off-axis 型の計測をすることもできる.

　この光学系はもともとはディジタルホログラフィック顕微鏡として提案されたものではなく,選択的な蛍光励起のために発案された[71].顕微鏡カバーガラスの上に屈折率マッチングのためのオイルを置き,全反射条件を満たす角度で蛍光励起用のレーザーを入射させる.カバーガラスの反対側には培養細胞を付着させると,全反射を起こしたレーザーのエバネッセント波が培養細胞に添加した蛍光色素あるいは自家蛍光を励起する.図 5.30 のプリズムに左から入射し右に抜ける光を蛍光励起用の光として,図の上側から顕微鏡対物レンズを通して試料を観察すると考えればよい.これによってカバーガラスに密着した部分の蛍光のみを選択的に励起することができる.発表時にはこの技術は total internal reflection fluorescence (TIRF) と呼ばれた．本項で解説したディジタルホログラフィック顕微鏡としての使い方は，この TIRF 光学系を 2 光束干渉光学系に変形したものである．

d. 暗視野ディジタルホログラフィック顕微鏡

光学顕微鏡の空間分解能は基本的に照明光の波長程度に制限される（回折限界）．したがって，空間分解能を向上させるために油浸レンズを使って開口数（numerical aperture；NA）を大きくするなどの工夫がなされるが，作動距離が極端に短くなるために使い勝手が悪くなるという問題がある．この回折限界以下の物体を観察する技術として，STED (stimulated emission depletion)[72]，SIM (structured illumination microscopy)[73]，PALM (photoactivated localization microscopy)[74] などの原理が開発されたが，最も手軽な手法の 1 つが暗視野観察である．これは光学顕微鏡の対物レンズの後焦点位置に光を遮蔽する小さな暗点を置くと，物体面を通過した光のうち回折光のみが観察されるため，結果として通常の明視野観察における空間分解能を超えて小さな物体の存在を検出することができるというものである．これをディジタルホログラフィック顕微鏡に応用することができる．その具体的な光学系の例を図 5.31 に示す．基本的には通常のマッハ-ツェンダー型干渉計であるが，物体光の後の対物レンズの後焦点位置に黒点を置いて 0 次回折光を遮蔽すると，測定対象物体によって回折された光だけが撮像素子に届きホログラムを形成する[75]．なお，図 5.31 はマッハ-ツェンダー型干渉計の物体光アームのうち試料を拡大する部分のみを図示したものであり，全体は図 5.26 と同じ構成である．

通常の明視野イメージングの場合，照明光の波長程度の大きさの微小粒子が結像面 (x, y) につくる波動場の振幅分布 $u_1(x, y)$ は以下のように書ける[75]．

$$u_1(x, y) = A w(x, y) \times \left[1 - S \left(\frac{D}{2\lambda a} \right)^2 FT_{\text{circ}} \left(\frac{(ax/b + x_0)D}{2\lambda a}, \frac{(ay/b + y_0)D}{2\lambda a} \right) \right] \quad (5.31)$$

ここで，A はこの説明においては省略可能ないくつかの変数をまとめたものである．S は試料面における粒子の面積，FT_{circ} は対物レンズの開口のフーリエ変換，$w(x, y)$ は試料面における照明光の振幅分布である．(5.31) 式によれば，粒子径が小さい場合，特に回折限界を下回るような大きさの場合は像の

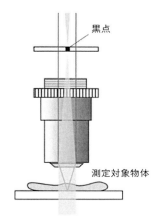

図5.31 暗視野ディジタルホログラフィック顕微鏡の光学系
物体面を通過した光の0次成分を遮蔽することで，回折限界以下の
大きさの物体を検出することができる．

コントラストが極めて悪化する．それに加えて焦点が外れた場合はやはり像のコントラストが低下し，粒子の観察は困難になる．暗視野観察は明視野観察において困難な回折限界以下の微小粒子の観察に有利である．さらに，明視野観察の場合は明るい背景光の中で微小粒子を撮像するために，イメージセンサーのダイナミックレンジを有効に使うことができないが，暗視野観察の場合は背景光を遮蔽するためにイメージセンサーのダイナミックレンジを活かすことができる．また，単に物体面上の微小物体を検出するだけであれば通常の光学顕微鏡の暗視野観察と変わりはないが，ディジタルホログラフィの利点である数値計算によるフォーカス操作をすることによって，1枚のホログラムから微小な粒子などの3次元的な分布を知ることができる．

e. 走査型ディジタルホログラフィック顕微鏡

通常のディジタルホログラフィは空間的に動くことのない物体光と参照光の干渉縞を撮像素子で記録するが，測定対象物体に照射する光を2次元的に走査して点検出器で光強度を取得することでホログラムの記録を実現する走査型ディジタルホログラフィという手法がある．この手法を用いる利点は空間的なコヒーレンスが低い光源を使うことができることであり，それによりスペックルノイズを低減することができる．

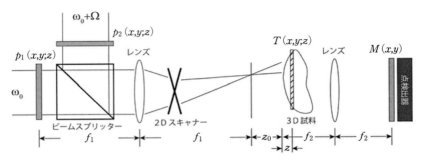

図 5.32 ヘテロダインイメージングの光学系

この原理はもともとヘテロダイン干渉を用いたイメージング技術からの発展である．図 5.32 でその概要を示す．互いに可干渉な 2 本のビームをコリメートし，その片方に光音響光学素子などによってわずかな周波数シフトを与える．光源の周波数を ω_0，シフト周波数を Ω とすれば，それら 2 本のビームの周波数は ω_0 と $\omega_0+\Omega$ である．これをビームスプリッターで合波し，レンズ，2 次元スキャナを通して 3 次元物体に照射する．この 3 次元物体は透過率が $T(x,y;z)$ で散乱性の弱いごく薄いスライスの集合と考える．そして 2 つ目のレンズを通して光検出器によって光強度を観測する．ビームスプリッターに 2 本のビームが入射する前に置かれた p_1 と p_2 および光検出器直前の M は空間的に光の強度変調が可能な素子，あるいはピンホールのような微小開口を想定する．もし p_1 と M がピンホールの場合，すなわち $p_1(x,y)=\delta(x,y)$，および $M(x,y)=\delta(x,y)$ と書ける場合は，光検出器で観測される時間信号 $I(t)$ は

$$I(t)=\mathrm{Re}\left[\exp(i\Omega t)\int P_2(x,y';z+z_0)T(x'+x,y'+y;z)dx'dy'dz\right] \quad (5.32)$$

と書ける[76]．ここで $P_2(x,y;z)$ は p_2 側ビームの 3 次元物体直前における振幅である．また，p_1 と p_2 は一般化したままで M には何もない状態，すなわち $M(x,y)=1$ とした場合は，

$$I(t)=\mathrm{Re}\left[\exp(i\Omega t)\int P_1^*(x',y';z+z_0)P_2(x',y';z+z_0)\right.$$
$$\left.\times|T(x'+x,y'+y;z)|^2 dx'dy'dz\right] \quad (5.33)$$

となる[76]．(5.32) 式はコヒーレント系の場合，(5.33) 式はインコヒーレント系の場合を表す．どちらの場合も光検出器によって観測される時間信号は差周波数 Ω で変調されたビート信号であるが，この解析信号を求めることで3次元物体の情報を再生することができる．ただし，(5.32) 式および (5.33) 式からわかるように，再生される情報はコヒーレント系の場合は $T(x,y)$，インコヒーレント系の場合は $|T(x,y)|^2$ である．

走査型ディジタルホログラフィもヘテロダイン検出型である．周波数の異なる2本のビームは一方が平面波で他方は球面波であるので，試料面にはフレネルゾーンプレートがつくられる．しかし，両ビームの周波数は Ω だけ異なるため，このゾーンプレートは時間とともに周辺から中心に向けて明暗が移動する[77,78]．

今ここでは，蛍光物体の観測のようにインコヒーレント系を考えることとする．(5.33) 式の積分項を I_{Ω_p} と書くとすると，光検出器の出力をローパスフィルタにかけることで，

$$I_d(x,y) \propto |I_{\Omega_p}|\cos\theta \tag{5.34}$$

および

$$I_q(x,y) \propto |I_{\Omega_p}|\sin\theta \tag{5.35}$$

が得られる．これが走査型ディジタルホログラフィック顕微鏡の場合は，

$$I_d(x,y) = \int \frac{k_0}{2\pi(z+z_0)} \cos\left[\frac{k_0}{2\pi(z+z_0)}(x^2+y^2)\right] \odot |T(x,y;z)|^2 dz \tag{5.36}$$

と

$$I_q(x,y) = \int \frac{k_0}{2\pi(z+z_0)} \sin\left[\frac{k_0}{2\pi(z+z_0)}(x^2+y^2)\right] \odot |T(x,y;z)|^2 dz \tag{5.37}$$

となる．ここで $\odot$ は2次元相関を表し，

$$g(x,y) \odot h(x,y) = \iint g^*(x',y')h(x+x',y+y')dx'dy' \tag{5.38}$$

である．位相シフト法や off-axis 法は0次回折光やツインイメージを除去できるが，走査型ディジタルホログラフィック顕微鏡も同様に0次回折光やツインイメージの重ならない像再生が可能である．

f. キューブ型ビームスプリッターを用いたディジタルホログラフィック顕微鏡

キューブ型ビームスプリッターを用いたレンズレスホログラフィであり，い

くつかのユニークな特徴を有している．特筆すべきは，物体光と参照光がビームスプリッターの分割面に対称に伝搬するため，照明光の波面カーブが干渉の際にキャンセルされることである．これに加えて，使用する光学素子が少なくシンプルな光学系の構築が可能である点や，物体光と参照光が共通光路を通るために安定した干渉パターンが得られる点を特徴としている．光学系を図5.33に示す．左から進行してきた光源の光はスペイシャルフィルタなどを通過して球面波になり，上半分が物体面，下半分が参照面である面を通過する．その後図のように配置されたキューブ型のビームスプリッターに入射すると，分割面で物体光は反射，参照光は透過して両者はちょうど重なる．これを撮像素子で記録すれば，物体光と参照光が干渉したホログラムが生成される[79, 80]．点光源とみなせるスペイシャルフィルタ，試料，およびイメージセンサー相互の配置で試料の拡大率が決定する．

　座標系として波面の伝搬方向をz，それと垂直な面を(x, y)とする．光源の光がビームスプリッターに入射した後，物体光と参照光はそれぞれ，あたかも$(S_{Ox}, S_{Oy}, \sqrt{h_o^2 - S_{Ox}^2 - S_{Oy}^2})$および$(S_{Rx}, S_{Ry}, \sqrt{h_r^2 - S_{Rx}^2 - S_{Ry}^2})$にある点光源から広がってきたように見える．ここで$h_o$と$h_r$はそれぞれ，物体光と参照光が再度重畳する位置から点光源までの距離である．ホログラム面，すなわちイメージセンサー上における物体光と参照光の光波は，

$$E_o(x, y) = A_o \exp\left\{-i\frac{\pi}{\lambda h_o}[(x-S_{Ox})^2 + (y-S(y-S_{Oy}))^2]\right\}$$
$$\times \exp[i\phi(x, y)] \qquad (5.39)$$

および

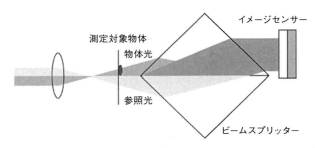

図5.33　キューブ型ビームスプリッターを用いたディジタルホログラフィの光学系

$$E_{\mathrm{r}}(x, y) = \exp\left\{-i\frac{\pi}{\lambda h_{\mathrm{r}}}\left[(x-S_{\mathrm{R}x})^2 + (y-S_{\mathrm{R}y})^2\right]\right\} \tag{5.40}$$

と書ける．ここで A_o は振幅，$\phi(x, y)$ は試料の位相分布である．光学系が共通光路を与えるという特徴から，$h_\mathrm{o}=h_\mathrm{r}$，$S_{\mathrm{R}x}=S_{0x}$，および $S_{\mathrm{R}y}=S_{0y}$ とすることができ，イメージセンサー上につくられるホログラムの光強度分布 I_H は

$$\begin{aligned}I_\mathrm{H} &= |E_\mathrm{o}(x,y)|^2 + |E_\mathrm{r}(x,y)|^2 + E_\mathrm{o}(x,y)^* E_\mathrm{r}(x,y) + E_\mathrm{o}(x,y) E_\mathrm{r}(x,y)^* \\ &= 1 + |A_\mathrm{o}|^2 \exp\left[i\frac{4\pi(S_{0x}x+S_{0y}y)}{\lambda h_\mathrm{o}}\right] \\ &\quad \times \exp[-i\phi(x,y)] + \exp\left[-i\frac{4\pi(S_{0x}x+S_{0y}y)}{\lambda h_\mathrm{o}}\right] \\ &\quad \times \exp[i\phi(x,y)]\end{aligned} \tag{5.41}$$

となる[79, 80]．ホログラムのパターンは off-axis 型のディジタルホログラフィと同様に搬送波成分を含んでいるため，ヒルベルト変換などによって振幅と位相成分を分離した後に位相から傾斜成分を取り除く必要がある．

5.2.3　低コヒーレンス光源の利用

　ディジタルホログラフィの光源には扱いやすさからレーザーが用いられることが多い．しかしながら，レーザー光は数 cm から数十 cm，あるいはそれ以上のコヒーレンス長があるため，光学系を構成する光学素子からの反射光まで干渉縞としてホログラムに重畳させてしまい，再生像に不要な像を与えてしまう．例えば 2 光束干渉計を構成するためにキューブ型のビームスプリッターを使った場合はキューブの表面から反射した光が光軸上にフレネル輪帯板のパターンをつくってしまうし，小さなゴミがミラーやレンズ表面に付着していた場合は，そのゴミからの回折光が干渉縞を発生させる．この問題は，波長帯域が広いコヒーレンス長の短い光源を用いることで解決できる．LED やスーパールミネッセントダイオード，あるいはさらに波長帯域の広い白色光源はコヒーレンス数 μm から数十 μm 程度しかないため，物体光と参照光の光路長差がこれ以下のときにしか干渉縞が生じない．したがって，光学素子の表面で反射や回折を起こした光は，本来干渉させるべき物体光や参照光とは光路長が大きく異なるために干渉縞をつくらず，結果としてホログラムから再生された像

に不要なパターンを与えることがない．すなわち，再生像の品質が向上するのである．しかし一方では，厚みのある物体を測定した場合はコヒーレンス長以内の部分しかホログラムの生成に寄与しないため，数値計算的なフォーカス処理を行っても像が再生されることはない．これは別の見方をすれば，厚みのある物体の測定においては，コヒーレンス長程度の厚みでセクショニングを容易に実現できるということにもなる．

マイケルソン型干渉計やマッハ–ツェンダー型干渉計のように物体光と参照光が独立な光路をたどる光学系の場合は，それぞれの光路長差を光源のコヒーレンス長以下にしなければならないため，光学系の調整が非常にシビアになる．この問題を克服するために物体光と参照光が共通光路をたどる工夫をした光学系が提案されているので，そのいくつかを紹介する．

a. フレネルインコヒーレント相関ホログラフィ（FINCH）

透過型の空間位相変調素子に，入射した平面波を光軸を共通とする平面波と収束する球面波に 1:1 の強度比で分割するようなパターンを生成する．空間的にも時間的にもインコヒーレントな光源で照明した測定対象物体から回折した物体光をこの空間位相変調素子に入射させると，分割された光はそれぞれ物体光と参照光として振る舞い撮像素子上へ到達する（図 5.34）が，波動場は空間的にインコヒーレントであるために明瞭な干渉縞は生成されない．そこで，空間位相変調素子によって分割された平面波と収束球面波の位相差を段階的にずらすことで位相シフト法を適用し，複数枚のホログラムを取得する[81]．

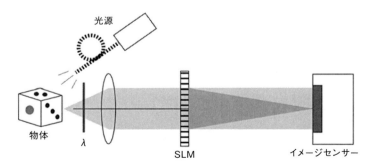

図 5.34　フレネルインコヒーレント相関ホログラフィの光学系概念図

b. アクロマティックフリンジホログラフィ

図 5.35 に光学系の基本構成を示す．広帯域スペクトルを有するインコヒーレント光源の光を，スペイシャルフィルタなどを用いて空間的にコヒーレントにしてコリメートし，さらに回折格子に入射させる．回折した光のうち，1次回折光と2次回折光などのように2つの回折次数の光を集光レンズによって各々ピンホールに導入する．2つのピンホールを抜けた光が，それぞれ物体照明光と参照光として非同軸で撮像素子上にホログラムを生成する．これはoff-axis 型のホログラフィであるから，ヒルベルト変換などの手法で波動場の振幅と位相を再生することができる．この光学系もやはり物体光と参照光が共通の光路長をたどるので，光源のコヒーレンス長で制限されたホログラムを比較的容易に生成することが可能である[82]．

c. 三角干渉計

ホログラフィ以外の干渉用途にもよく用いられる光学系であるが，この三角干渉計も分割された2つの光が共通の光路をたどるのでインコヒーレント光源の干渉計測に適している．光学系を図 5.36 に示す．ビームスプリッターで分割された光は2つのミラーで反射することで三角形の光路をそれぞれ逆向きにたどる．ビームスプリッターで再び重ね合わされた光が撮像素子に入射しホログラムを生成する[83]．

三角干渉計は回転方向のみが異なる共通光路を物体光と参照光が通るため，ホログラムを再生すると共役像が重なる．また，インコヒーレント光源を使うことでホログラムのバイアスレベルが高くなるという問題がある．そこで，入射光を 45°の直線偏光として，通常のビームスプリッターの代わりに偏光ビー

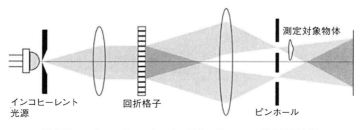

図 5.35 アクロマティックフリンジホログラフィの光学系概念図

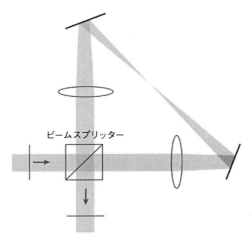

図 5.36 三角干渉計の光学系概念図

ムスプリッターを使用，合波後に波長板を2枚入れ，これら波長板のリタデーションを2通り選択してホログラムを合成することで，バイアスレベルを下げるとともに共役像のないホログラム再生が可能である．

5.2.4 ディジタルホログラフィック顕微鏡のバイオ計測応用

細胞などの微小生体試料は透明なものが多く，光学顕微鏡でそれらの試料を可視化するためには位相コントラスト顕微鏡や微分干渉顕微鏡を用いる必要がある．しかし，位相コントラスト顕微鏡や微分干渉顕微鏡の基本原理だけでは位相分布を定量化することはできない．一方，ディジタルホログラフィはこれまでに述べたように試料面の波動場の複素振幅を再生することができるので，強度情報も位相情報も定量的に求めることが可能である．さらに，off-axis型のディジタルホログラフィは1枚のホログラムだけで再生計算ができるので，生体試料のような動きのある物体の観察も，イメージセンサーのシャッタースピードやフレームレートさえ確保できれば高速な現象の計測も十分に可能となっている．また，任意の焦点位置を選択して再生計算ができるので，焦点を合わせたスライスをスタックすることで3次元的な位相分布を求めることもできる．本項ではこれまでに報告されたディジタルホログラフィック顕微鏡によ

a. 定量的位相イメージング

ここでは生体組織を試料としたディジタルホログラフィック顕微鏡の計測代表例をいくつか示す．最初の例は膵臓がん細胞の動態を計測したものである[84]．光学系は反射型の off-axis ディジタルホログラフィック顕微鏡で，光源は Nd:YAG レーザーの第2高調波 532 nm を用いている．細胞を抗がん剤（タキソール）に浸し，温度37℃の環境で16時間観察を行った．計測間隔は120秒である．測定開始から 0，3.5，5，8.3，14.2 時間後のアンラップ済みの位相分布を図 5.37 に示す．A，B，C の3つの細胞があり，時間の経過とともに位置が移動している．抗がん剤の付与からしばらくは位相の増大，つまり厚みが増していることがわかるが，最終的にはコントラストが小さくなっている．これをわかりやすくするため，細胞 C を横切る破線における断面を示したのが図 5.38 である．実線が抗がん剤の付与直後であるから，そこから 8.3 時間後までは細胞の直径が縮む一方で厚みが増している．しかし 14.2 時間後にはほとんど平坦な形状になっており，細胞が崩壊したと考えられる．この例

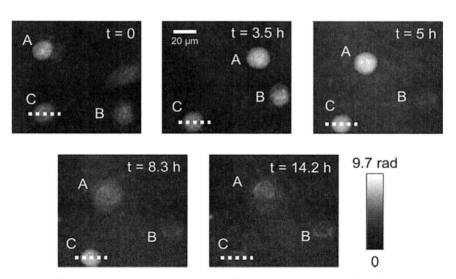

図 5.37 ディジタルホログラフィック顕微鏡による膵臓がん細胞の動態視察結果
$t=0$ において抗がん剤を与え，その後 14.2 時間の位相変化を時系列的に観測している[84]．

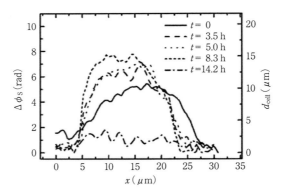

図 5.38 図 5.37 の細胞 C の位相断面．抗がん剤を与えた後はしばらく中心付近の位相画像化するが，14.2 時間後にはほぼ平坦になっている[84]．

は比較的長い時間をかけてゆっくり進行する細胞動態を計測しているが，使用するイメージセンサーの感度や光源の光強度の条件次第でミリ秒オーダーのリアルタイム計測も可能である．

次に，ディジタルホログラフィの特徴の 1 つである数値計算によるフォーカスを利用した計測例を示す[85]．試料は線維肉腫細胞で，光学系はマッハ–ツェンダー型で 4 ステップの透過型位相シフトディジタルホログラフィック顕微鏡である．光源は波長 660 nm の LED を使用している．線維肉腫細胞は I 型コラーゲンによる培養で 37°C の環境に置かれている．測定は 4 分間隔で 48 時間連続して行った．結果を図 5.39 に示す．上段と下段はそれぞれ異なる場所を観察しているが，観察範囲はともに 171 μm 四方である．ディジタルホログラフィック顕微鏡は 1 組（位相シフト型の場合）のホログラムセットから任意の焦点位置にフォーカスさせることができるため，PC による使い勝手のよいインターフェイスを作成することができる．この例の場合はあらかじめ処理範囲（region of interest：ROI）を決め，その中でマウスポインターによって任意の細胞を選択することで，時間を追いながら自動的に 3 次元的に細胞の位置を追跡することができる．ディジタルホログラフィは光軸に沿った任意の座標にフォーカスさせることができるが，その座標は明示的に与える必要があるため，このインターフェイスを実現するためには再生像から自動的に合焦を判定したり空間的に移動する細胞を追跡するアルゴリズムを組み合わせる必要があ

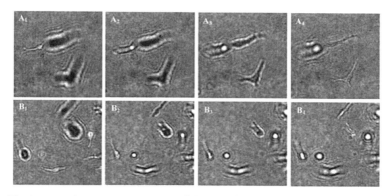

図 5.39 ディジタルホログラフィック顕微鏡による線維肉腫細胞の観測結果．時間とともに3次元空間内を移動する細胞をホログラムによるフォーカス計算も含めて自動追跡する[85]．

るものの，古典的な光学技術と最新のディジタル技術を融合させた好例と言えよう．図 5.40 は，この細胞自動追跡によって得られた細胞の動態を示したものである．図 5.40（a）は 13 時間追跡を続けた細胞 22 個の軌跡である．各番号は細胞の識別番号，線が3次元空間内の軌跡，黒い点と灰色の点はそれぞれ細胞の始点と終点である．3次元座標は z 軸が光軸に水平である．図 5.40（b）は（a）の結果から移動距離と移動速度を度数分布としてグラフ化したもので，斜線の棒グラフが最大移動距離，黒く塗りつぶされた棒グラフが平均移動速度を表す．ここでは平均移動速度によって細胞の順序を決定している．細

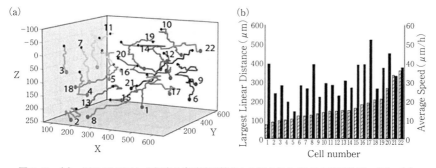

図 5.40 （a） 図 5.39 で示した細胞の自動追跡機能から得られた 22 個の移動軌跡．（b） （a）の結果から細胞の平均移動速度と最大移動距離を算出し度数分布として表示したグラフ[82]．

胞の平均移動速度と最大移動距離の関係は，グラフから視覚的に読み取ることは難しいが，相関係数を計算すると 0.47 であった．わずかではあるが，平均移動速度が大きい細胞はより遠方まで移動するという傾向があるようだ．

このように，ディジタルホログラフィは単に像を計算機内で再生できるというだけではなく，他のディジタル技術とよく親和し，これまでのアナログ的な手法では非常に困難であったり膨大な手間がかかっていた計測を手軽に実現できるポテンシャルをもっていることがよく理解できる．

b. 屈折率と物理的厚みを分離する技術

ディジタルホログラフィック顕微鏡で位相分布を測定する際の 1 つの大きな問題は，位相変化が試料の屈折率変化に起因するものなのか厚みの変化に起因するものなのかの区別ができないことである．どちらが変化しても参照光に対する相対的な光学距離の差となって現れるためである．この問題を解決し，屈折率変化の分布と厚みの変化の分布をそれぞれ独立に定量化する技術を紹介する[86]．

使用する光学系はマッハ-ツェンダー型の off-axis 透過型ディジタルホログラフィック顕微鏡で，生きたマウスの皮質ニューロンを試料として，その低浸透ストレスによる動態を観察する．イメージセンサーの露光時間は $20\,\mu s$ まで短縮できるが，ホログラムの処理は毎秒 10 枚程度であるため，ホログラムの撮影がすべて終了してからまとめて再生計算をしている．細胞試料の形態（厚み）変化と屈折率変化を個別に求めるために，試料を屈折率の異なる 2 種類の液体に浸し，それぞれでホログラムを取得する．ただし，この 2 種類の液体は試料の形態変化を防ぐために浸透圧は同じでなければならない．実験結果を図 5.41 に示す．上段の (a) から (c) はホログラムから再生された 2 つの細胞の位相分布である．(a) は通常状態で (b) は低浸透ストレスを与えた 3 分後の状態，(c) は (b) から (a) を引いた差分である．この結果からは低浸透ストレスによって特に細胞中心部の位相が減少していることがわかる．しかしながら，この結果は単にホログラムから計算された位相分布であり，細胞中心部の位相の減少が厚みの減少によるものなのか，屈折率の減少によるものなのかはわからない．そこで，細胞の屈折率 n_c と物理的厚み h_c を分離するためには以下の計算を行う．

$$n_c(x,y) = \frac{\phi_1}{\phi_1 - \phi_2}\delta_n + n_m \qquad (5.42)$$

$$h_c(x,y) = \frac{\lambda}{2\pi}\frac{\phi_1 - \phi_2}{\delta n} \qquad (5.43)$$

ここで,n_m と $n_m + \delta n$ は細胞を浸す2種の液体の屈折率,$\phi_1 = \phi_1(x,y)$ と $\phi_2 = \phi_2(x,y)$ はそれぞれの液体に浸した状態で測定した位相である.(5.42) 式と (5.43) 式を適用して細胞の厚み分布のみを求めた結果が図 5.41 下段の (d) から (f) である.(d) は通常状態,(e) は低浸透ストレスを与えた3分後,(f) は (e) から (d) を引いた差分である.図 5.41 (c) によれば,低浸透ストレスによって位相分布は減少していたが,物理的な厚みのみを求めた結果,特に前後の差分を示す図 5.41 (f) によれば細胞の明らかな膨張が見てとれる.

このように,2種の液体を用意して個別に測定を行うという煩雑さはあるものの,試料の屈折率変化と物理的厚みを分離して求めることが可能であるとい

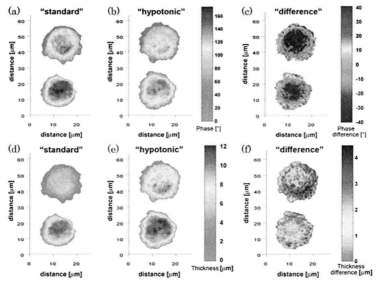

図 5.41 ディジタルホログラフィック顕微鏡による皮質ニューロンの位相分布
(a) 低浸透ストレス前と (b) 3分後.(c) は (b) から (a) を引いた差分.屈折率分布と物理的厚みを分離する計算処理を行った (d) 低浸透ストレス前の厚み,(e) 低浸透ストレス3分後の厚み,(f) (e) から (d) を引いた差分[86].

う点は非常にユニークであり，生物学的にも貴重なデータを与える技術である．

5.2.5 ま と め

本節ではディジタルホログラフィック顕微鏡，特にそのバイオ計測応用について概説した．ディジタルホログラフィの大きな特徴の1つは，光波動場の振幅のみならず位相分布を定量的に再生することができる点である．その意味で，細胞などの微小な生体試料は透明なものが多く，試料の位相分布を正確に求められるディジタルホログラフィック顕微鏡がその有用性を発揮する場面といえよう．また，ディジタルホログラフィのもう1つの本質的な特徴である1枚のホログラムから任意の焦点面を抽出できる点も，生体を対象とする顕微計測との親和性を良くしている所以である．開口数の大きなレンズによる顕微観察は焦点深度が非常に浅く，ある特定のスライス面から外れた試料はぼけてしまい観察できない．しかしディジタルホログラフィはホログラムを1枚撮像してしまえば，あとから好きな奥行き位置に焦点を移動させて試料を観察することができる．これらのディジタルホログラフィの特徴を活用すると，本節で紹介したようなビデオレートで連続撮像したホログラムから細胞の動態を動画再生し，さらに特定の細胞をリアルタイムでフォーカスを保ちつつ3次元的に追跡しながら表示するといった，高度なバイオ計測技術も可能になるのである．取得したホログラムから波動の逆伝搬を計算して試料の像を再生する部分や折り畳まれて不連続になっている位相を接続する部分などは，場合によっては多大な計算パワーを要するため，高速なリアルタイム処理が必要な場面では効率のよいアルゴリズムを採用しなければならない．本節では各アルゴリズムの詳細までは踏み込めなかったが，代表的な手法に関する参考文献を適宜記したので興味のある方は参照されたい．

文　献

1) T. Kreis : *Handbook of Holographic Interferometry*, p.201, Wiley-VCH (2005).
2) W. Osten et al. : *Optical Inspection of Microsystems*, p.351, CRC Press (2007).
3) T. Yoshizawa et al. : *Handbook of Optical Metrology*, p.393, CRC Press (2009).

4) 吉澤　徹ほか：最新光三次元計測, p.85, 朝倉書店 (2006).
5) 吉澤　徹ほか：三次元工学 2 光三次元・産業への応用, p.1, アドコム・メディア (2008).
6) R. Ng et al.：*Comput. Sci.Tech. Rep.*, CTSR **2**, 1 (2005).
7) 谷田　純：生産と技術, **65**, 49 (2013).
8) G. Pedrini et al.：*Appl. Opt.*, **38**, 3460 (1999).
9) A. Khmaladze et al.：*Appl. Opt.*, **47**, 3203 (2008).
10) C. Mann et al.：*Opt. Express.*, **16**, 9753 (2008).
11) Y. Fu et al.：*Opt. Lasers Eng.*, **47**, 552 (2009).
12) T. Tahara et al.：*Opt. Lett.*, **37**, 4002 (2012).
13) 横田正幸：レーザー研究, **41**, 986 (2013).
14) I. Yamaguchi et al.：*Appl. Opt.*, **45**, 7610 (2006).
15) 井田登士, 山口一郎, 横田正幸：光学, **35**, 596 (2006).
16) D. Ghiglia and M. Pritt：*Two-Dimensional Phase Unwrapping*, p.100, John Wiley & Sons. (1998).
17) A. Wada, M. Kato and Y. Ishii：*Appl. Opt.*, **47**, 2053 (2008).
18) F. Palacios et al.：*Opt. Commun.*, **238**, 245 (2004).
19) I. Yamaguchi and M. Yokota：*Opt. Eng.*, **48**, 085602-1 (2009).
20) T. Colomb et al.：*Appl. Opt.*, **41**, 27 (2002).
21) A. A. Friesem and U. Levy：*Appl. Opt.*, **45**, 3009 (1996).
22) W. Nadeborn, P. Andra and W. Osten：*Opt. Lasers Eng.*, **24**, 245 (1996).
23) Y. Zou, G. Pedrini and H. Tiziani：*Opt. Eng.*, **35**, 1074 (1996).
24) S. Seebacher, W. Osten and C. Wagner：*Proc. SPIE*, **3740**, 58 (1999).
25) C. Wagner et al.：*Appl. Opt.*, **38**, 4812 (1999).
26) C. Wagner, W. Osten and S. Seebacher：*Opt. Eng.*, **39**, 79 (2000).
27) J. Gass, A. Dakoff and M. K. Kim：*Opt. Lett.*, **28**, 1141 (2003).
28) D. Parshall and M. K. Kim：*Appl. Opt.*, **45**, 451 (2006).
29) I. Yamaguchi, T. Ida and M. Yokota：*Strain*, **44**, 349 (2008).
30) A. Wada, M. Kato and Y. Ishii：*J. Opt. Soc. Am. A*, **25**, 3013 (2008).
31) D. Carl et al.：*Appl. Opt.*, **48**, H1 (2009).
32) Y. Ishii and K. Yoshida：*Proc. SPIE*, **7387**, 73870P-1 (2010).
33) H. Funamizu and Y. Aizu：*Appl. Opt.*, **50**, 6011 (2011).
34) D. Abdelsalam, R. Magnusson and D. Kim：*Appl. Opt.*, **50**, 3360 (2011).
35) P. Tankam and P. Picart：*Opt. Lasers Eng.*, **49**, 1335 (2011).
36) J. Di, J. Zhao and A. Asundi：*Proc. SPIE*, **8559**, 855908-1 (2012).
37) L. Xu, C. Aleksoff and J. Ni：*Appl. Opt.*, **51**, 2958 (2012).
38) M. Yonemura：*Opt. Lett.*, **10**, 1 (1985).
39) 伊藤良一, 中村道治：半導体レーザ, p.15, 培風館 (1989).
40) M. Yokota and N. Ishitobi：*Opt. Rev.*, **17**, 166 (2010).
41) 足立　徹, 横田正幸：光学, **40**, 641 (2011).
42) M. Yokota and T. Adachi：*Appl. Opt.*, **50**, 3937 (2011).
43) M. Yokota, T. Koyama and T. Kawakami：*Opt. Eng.*, **53**, 104103-1 (2014).

44) O. Duran, K. Althoefer and L. D. Seneviratne : *IEEE/ASME Trans. on Mechatronics*, **8**, 401 (2003).
45) E. Wu, Y. Ke and B. Du : *IEEE Trans. on Instrum.*, **58**, 2169 (2009).
46) U. Schnars : *J. Opt. Soc. Am. A*, **11**, 2011 (1994).
47) U. Schnars, T. Kreis and W. Juptner : *Opt. Eng.*, **35**, 977 (1996).
48) D. Dirksen et al. : *Opt. Lasers Eng.*, **36**, 241 (2001).
49) C. Liu : *Opt. Eng.*, **42**, 3443 (2003).
50) J. L. Valin et al. : *Opt. Lasers Eng.*, **43**, 99 (2005).
51) Y. Morimoto et al. : *Exp. Mech.*, **45**, 65 (2006).
52) W. Avenhaus et al. : *Laser. Med. Sci.*, **19**, 223 (2005).
53) A. Saucedo et al. : *Opt. Express*, **14**, 1468 (2006).
54) M. Yokota, T. Adachi and I. Yamaguchi : *Opt. Eng.*, **49**, 015801-1 (2010).
55) 木本嘉毅, 山口一郎, 横田正幸 : 塗装工学, **45**, 448 (2010).
56) M. Yokota et al. : *Appl. Opt.*, **50**, 5834 (2011).
57) G. Sheoran, S. Sharma and C. Shakher : *Opt. Lasers Eng.*, **49**, 159 (2011).
58) M. Yokota and Y. Kimoto : *Opt. Eng.*, **52**, 015801-1 (2013).
59) I. Yamaguchi and T. Zhang : *Opt. Lett.*, **22**, 1268 (1997).
60) F. Dubois et al. : *Appl. Opt.*, **43**, 1131 (2004).
61) F. Dubois et al. : *Appl. Opt.*, **45**, 864 (2006).
62) S. Grilli et al. : *Opt. Express*, **9**, 294 (2001).
63) F. Dubois et al. : *Opt. Express*, **14**, 5895 (2006).
64) T. Ikeda et al. : *Opt. Lett.*, **30**, 1165 (2005).
65) J. T. Judge, C. Quan and P.J. Bryanston-Cross : *Opt. Eng.*, **31**, 533 (1992).
66) D. C. Ghiglia, G.A. Mastin and L.A. Romeo : *J. Opt. Soc. Am. A*, **4**, 267 (1987).
67) M. Liebling and M. Unser : *J. Opt. Soc. Am. A*, **21**, 2424 (2004).
68) G. Popescu et al. : *Opt. Lett.*, **29**, 2503 (2004).
69) N. Lue et al. : *Appl. Opt.*, **46**, 1836 (2007).
70) G. Popescu et al. : *Opt. Lett.*, **31**, 775 (2006).
71) D. Axelrod : *J. Cell Biol.*, **89**, 141 (1981).
72) a.S.O.R. V. Westphal et al. : *Science*, **320**, 246 (2008).
73) L. Schermelleh et al. : *Science*, **320**, 1332 (2008).
74) E. Betzig et al. : *Science*, **313**, 1642 (2006).
75) F. Duboid and P. Grosfils : *Opt. Lett.*, **33**, 2605 (2008).
76) T. -C. Poon : *J. Holography Speckle*, **1**, 6 (2004).
77) T. -C. Poon : *J. Opt. Soc. Am. A*, **2**, 521 (1985).
78) T. -C. Poon : *J. Opt. Soc. Korea*, **13**, 406 (2009).
79) W. J. Qu et al. : *Appl. Opt.*, **48**, 2778 (2009).
80) W. J. Qu et al. : *Opt. Lett.*, **34**, 1276 (2009).
81) J. Rosen and G. Brooker : *Opt. Lett.*, **32**, 912 (2007).
82) E. N. Leith and J. Upatnieks : *J. Opt. Soc. Am.*, **57**, 975 (1967).
83) S. G. Kim, B. Lee and E. S. Kim : *Appl. Opt.*, **36**, 4784 (1997).
84) B. Kemper and G. von Bally : *Appl. Opt.*, **47**, A52 (2008).

85) F. Dubois et al. : *J. Biomed. Opt.*, **11**, 054032-1 (2006).
86) B. Rappaz et al. : *Opt. Express*, **13**, 9361 (2005).

6

将来展望とまとめ

6.1 ディジタルホログラフィの実用化へ向けて

　ディジタルホログラフィは，工業計測や生体計測において利用価値の高い技術である．筆者ら大学の研究者が，技術相談やセミナーを通して企業の方と議論するなか，「ディジタルホログラフィに関する日本語の本がない」との多くの意見をいただいた．筆者らは，この要望に応えるために本書の出版を企画し，多くの研究者や技術者が，医学・生物学の先端研究や工場での製品検査において，ディジタルホログラフィを使えるようにすることを目的とした．まず，第2章から第4章では，ディジタルホログラフィの記録から再生までの基礎理論と基礎技術を述べた．次に，第5章では，ディジタルホログラフィの応用例として工業計測と生体計測について述べた．さらに，本章では，ディジタルホログラフィを実際に利用するために必要なものを選定する勘所を紹介し，本書を結びたい．

6.2 ディジタルホログラフィの実装の壁

　企業研究者・技術者は，ディジタルホログラフィの実装において，それぞれ異なる障壁・問題を抱えている．それらは，計測対象のサイズ，表面・内部構造，光反射・吸収特性，環境の多様性に由来する．その多様性は，計測対象ごとに要求される空間分解能，時間分解能，波長特性が異なることを意味している．そのため，必要な光学配置，光源，イメージセンサー，計算機ハードウェア構成，計算手法，ソフトウェア実装も異なることになる．ディジタルホログ

ラフィ顕微鏡の場合，その汎用機を考えると，顕微鏡メーカーの発売している光学顕微鏡にある多種多様な部品ラインナップにディジタルホログラフィ用ユニットをオプションとして設定する対応は可能かもしれないが，その部品点数はかなり多くなる．しかし，計測対象が明確ならば，適切な部品と計算手法を容易選択できる．

結局，有効なディジタルホログラフィ装置を実現するためには，測定対象に応じた装置のカスタマイズを必要とすることがわかる．カスタマイズのためには，光源やイメージセンサー，レンズ，ミラーの光学ハードウェアを選定・使用できる知識とスキル，コヒーレンスの知識と制御に関する方法，さらに加えて，必要な計算機を構成でき，ソフトウェアをプログラミングできるスキルを必要とする．これら広範な知識と経験，スキルを持ち合わせている人材を確保することが重要である．ここが，実装の障壁でもあり，その扉を開ける鍵でもある．本書ではふれないが，実用するうえで，装置の部品コストや製造コスト，および保守コストを低減するための技術も重要な要件の一つであることは言うまでもない．

6.3 ディジタルホログラフィの実装

6.3.1 光学系の選定

まず，光学系の基本構成を選定する．透過配置の場合にマッハ-ツェンダー型干渉計の構成，反射配置の場合にマイケルソン干渉計の構成，自発光物体の場合に自己干渉計を選択する．どの光学系も，測定対象や測定法によって，ミラー形状やレンズ，光路変調デバイス，光波変調デバイスの有無等，多様な変形がある．最初の注意点として，物体光路と参照光路は，光路長や光学配置をできるだけ揃えた方がよい．例えば，参照光路にも空のサンプルを入れる．物体光路に入れたレンズを参照側にも入れる．特に，後述するコヒーレンスの低い光源を用いる場合に必要な要件である．

a. 透過配置の場合

図 6.1 (a) に示すように，マッハ-ツェンダー型干渉計で透過物体を計測する場合，得られる位相変化は 3 次元物体の 2 次元投影像，すなわち，深さ方向

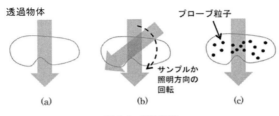

図 6.1 透過配置

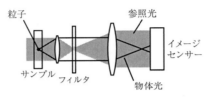

図 6.2 ガボール配置による粒子計測

の積分値である．厚い材料の場合，光は，屈折率の空間分布で屈折するので，完全な光軸方向の積分になっていないことに注意を要する．その積分範囲は顕微鏡の焦点深度に依存する．焦点深度外の屈折率変化はぼけにより均一的に全体に変化を与えると仮定すると，その焦点深度を分解能として断層画像化が可能となる．立体情報が欲しい場合，図 6.1（b）に示すように，物体または光路を回転させて多数の方向からの投影像を取得し，その干渉縞群から計算機トモグラフィの手法で再構成する．測定対象内部の動きを知りたい場合，図 6.1（c）に示すように，プローブ粒子をサンプル内部に散布して，その散乱光を点光源物体として計測する方法が行われる．この場合，図 6.2 に示すように，直進透過光を参照光として，ガボール型の配置でホログラムを取得し，プローブ粒子の位置を決定できる．一般に，直進透過光に比べてプローブ粒子からの散乱光は非常に弱いので，フーリエ面にフィルタを配置することにより，参照光の強度を調節することで，コントラストの高い干渉縞を得ることができる．

b. 反射配置の場合

マイケルソン型干渉計およびその変形の光学系で反射物体を計測する場合，金属のような不透明物体の表面形状（図 6.3（a））や，透過物体の表面形状や屈折率の段差を有するような内部構造（図 6.3（b））を，焦点深度を分解能と

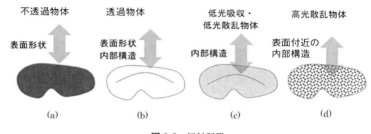

図 6.3 反射配置

して取得できる．低い光吸収で低光散乱の物体（図 6.3（c））に対しても，透過物体と同様に，表面形状や内部構造を取得できる．内部構造の計測では，屈折率の段差だけでなく，後方散乱光の強さの違いによる構造の検出もできる．また，高光散乱媒質（図 6.3（d））の場合，コヒーレンスゲートや時間ゲート，偏光ゲートを利用して断層像を取得する．コヒーレンスゲートとは，波長幅の広い光源を用いた低コヒーレンス干渉により，物体光と参照光との光路差が少ないときのみ干渉する現象を利用して，不要な散乱光を除去する方法である．時間ゲートは，超短レーザーパルスにより，同様に，物体光と参照光との光路差が少ないときのみに干渉することを利用する．これらも多様な変形と工夫がある．偏光ゲートは，偏光子のクロスニコル配置により，偏光解消が起きている内部からの散乱光のみを取り出し，偏光を維持している強い表面反射を除去する．

c. 自発光物体の場合

自発光物体からの光を 2 つに分け，2 つの光路に違いを与えて自己干渉を用いて干渉縞を形成する．自己干渉計の例は，第 5 章に示されたように，フレネルインコヒーレント相関ホログラフィや三角干渉計のほか，横シェアリング干渉系，縦シェアリング干渉系，回転シェアリング干渉系等の光学系で，自発光物体の特性に合わせて選択される．

6.3.2 光源の選定

a. 光源の波長

光源の波長は，測定対象の反射率や透過率に応じて選定される．通常は，高

い反射率や高い透過率の波長域を選択するが，光吸収分布や吸収スペクトルを観測したいときには，吸収の大きい波長域を使う場合もある．分解能を向上させるために，光源を短波長化する．レイリー散乱は，波長の4乗に反比例して減少するので，対象の表面や内部の光散乱の影響を低減するために，光源を長波長化する．また，生体など水分を多く含む測定対象では，可視光域での光透過率が高く，波長の増加に伴って低くなるので，光散乱と光吸収のトレードオフのもと波長が決まる．半導体の場合，表面計測では高い分解能を得るために紫外光を，内部計測では透過率の高い近赤外光を用いる．

b. コヒーレンス

金属のような不透明な物体で鏡面研磨されている表面形状や，光学素子のように透明で均質性の高い物体の形状を測定する場合は，コヒーレンスの高い光源が使われる．測定対象の表面や内部での光散乱が多い場合，干渉性のノイズ（スペックルノイズ）を低減するために，低コヒーレンス光源を用いる．なお，光散乱が多い場合でも，あえて高コヒーレンス光源を用いて，発生するスペックルの変化から，形状の変化を測定する方法もある．コヒーレンスを低下させると，干渉縞のできる光路差の範囲が狭くなることや干渉縞のコントラストが低下するので，分解能や精度を低下させる．そこで，測定対象の光散乱の程度によって，最高の性能を与えるコヒーレンスを調整することが求められる場合がある．

c. 時間コヒーレンスの調節

時間コヒーレンスの調節の代表的な方法を以下に示す．

(1) 光源の選択により波長幅を選択する方法

市販されているスーパールミネッセントダイオード（SLD）や単色の発光ダイオード（LED）から目的に合わせて選択する．波長幅に応じた低い時間コヒーレンスとSLDは，レーザーダイオードと同じ構造の端面発光のため，高い空間コヒーレンスを有する．一方，LEDは，広い面状に発光するので，低い空間コヒーレンスを有する．SLDや単色LEDの波長幅は，波長の1/100から1/10程度であり，さらに広い波長幅が必要な場合は，複数の光源をビームスプリッターや光ファイバ合波器で重ねる．フェムト秒レーザーパルスも，広帯域光源として使用でき，干渉像のスペックルノイズも低減され，高い光強度

を必要とするときには有効である．また，フェムト秒レーザーパルスは高速シャッターとしても機能するため，イメージセンサーではとらえられない高速現象を撮影するときに利用される．同じ現象が繰り返し生成されるなら，光学的，電気的，機械的刺激後に適当な時間差を変化させながら干渉計測を繰り返すことにより，ポンプ・プローブ法による現象の時間分解ディジタルホログラフィが可能になる．

（2）　波長幅の広い光源に干渉フィルタを用いて波長幅を選択する方法

　ハロゲンランプやキセノンランプ等に干渉フィルタを使うことにより，任意の波長幅，すなわち任意の時間コヒーレンスを実現できる．キセノンランプは，小さな発光部をもつので，比較的空間コヒーレンスが高い．一方，ハロゲンランプは，大きな発光部をもつので空間的なコヒーレンスが低い．ハロゲンランプは，干渉計測用光源として時空間的なコヒーレンスが低すぎるので，光ファイバやピンホールを用いて，空間コヒーレンスを上げる工夫を必要とする．特に光ファイバは，熱源である光源と測定対象を離すことができるので実用上よい．ただしこの方法では，干渉フィルタによって波長域を制限するので，得られる光パワーは大きくない．近年，超短パルスレーザーでフォトニック結晶ファイバを励起して広帯域光を出力する白色コンティニューム光源が上市されており，高い波長の制御性と高い光パワーで，計測用光源として使いやすい．一方，安定度は悪いが，フォトニック結晶ファイバの代わりに水やその他多様な液体や固体で白色コンティニュームを発生させることができる．

（3）　透過型空間光変調素子と2枚の回折格子，2枚のレンズ，または，反射型空間光変調素子と1枚の回折格子，1枚のレンズで構成されるスペクトル整形光学系による方法

　この方法では，空間光変調素子のある時間周波数面で光が精度よく分光されるために，光源が高い空間コヒーレンスを有することを必要とする．

（4）　波長走査光源や高帯域光源の波長選択による方法

　異なる波長で別々にホログラムを取得して，コンピュータ内で，その再生像をインコヒーレントに加算（強度で加算）する．

d.　空間コヒーレンスの調節

　空間コヒーレンスの調節は，レーザーなどの高空間コヒーレンス光源（発光

面積が少ない光源）の指向性を下げて（光源のサイズを拡大して），低空間コヒーレンス化する場合と，低空間コヒーレンス光源の指向性を上げて（光源のサイズを縮小して），高空間コヒーレンス化する場合がある．その代表的な方法を以下に示す．

(1) 回転光散乱板を使う方法

光散乱板により光を多様な方向に散乱して光の指向性を低下させ，またその光散乱板を回転することにより光散乱を時間的に変化させ，検出器で光強度を時間積分する．

(2) 空間光変調素子を使う方法

特定の位置だけで干渉するようなコヒーレンス分布を作ることが可能であり，所望の制御された空間コヒーレンスを実現できる．

(3) 光を屈折率分布型光ファイバに通すことにより光源の大きさを調節する方法

光源の大きさは，ファイバのコア径で決まる．

(4) 低空間コヒーレンス光源の特定方向の光を抜き出して，高コヒーレンス化する方法

ピンホールを通す方法が簡単である．ピンホールサイズでコヒーレンスを調節する．光ファイバでも同様な効果が得られる．ピンホールによって多くの光を遮断するので，その出射光は弱い．そこで，ピンホールには，レンズを用いて集光して光を照射する．

6.3.3 イメージセンサーの選定

観測において要求される時間分解能と空間分解能，ノイズレベルによって，イメージセンサーを選択する．それぞれに関係するフレームレートと画素数，ビット数には，イメージセンサーとメモリーとの間に通信速度に制限があるので，トレードオフの関係が存在する．例えば，16 ビット，1024×1024 ピクセルの画像は 2 MB なので，USB2.0 の転送速度の理論限界 60 MB/秒で計算すると，30 frame/s となる．近年，イメージセンサーの進歩は著しく，比較的高性能な研究用イメージセンサーが安価で購入できようになった．しかし，低ノイズ化や高速化等特定の性能を特別に向上した特殊なデバイス構成を有する

イメージセンサーは高価である．例えば，信号雑音比は，イメージセンサーの冷却温度に依存する．非冷却なら〜50 dB 程度，1 段ペルチェ素子による室温 −30℃程度の冷却なら 70 dB 程度，2 段ペルチェ素子による室温 −50℃以上の冷却なら 80 dB から 90 dB である．高ダイナミックレンジのイメージセンサーの場合，ノイズ低減のために比較的大きな画素サイズを採用している．また，センサー保護用ガラスが取り付けられていないイメージセンサーがある．ほこりの多いような悪環境での使用はお勧めできないが，保護用ガラスにおける微弱な反射光による干渉縞の発生が気になる場合，特に高コヒーレンス光源を使用した場合にはその使用を検討すべきである．

6.3.4 コンピュータのハードウェアとソフトウェア

コンピュータの選択に困ることはないと思うが，グラフィックプロセッシングユニット（GPU）を使うかどうか悩むことはあるかもしれない．近年，環境構築やプログラミングに関する有用な情報を容易に入手できるので，C 言語のプログラミングができれば，その導入のハードルは高くない．筆者も数年前，世の中に出回っている情報とサンプルプログラムを参考にしながら学び，1 か月程度で環境構築から初歩の GPU プログラミングまでは，できるようになった．リアルタイム処理を望む場合は，導入を検討すべきである．

ディジタルホログラフィを実現するうえで，最初の障害は光伝搬計算かもしれない．コンボリューションの概念とフーリエ変換の方法を理解し，高速フーリエ変換のプログラムを手に入れたら，難しいことはない．本書の中には，光伝搬計算のためのノウハウが記載されている．参考にしてほしい．

6.3.5 実装形態と応用

図 6.4 に，ディジタルホログラフィの実装のまとめを示す．目的に応じて，高繰り返し撮影，リアルタイム撮影，高精度撮影の 3 つの場合に分かれる．

(1) 高繰り返し撮影の場合（>1000 fps）

撮影画像は，8 ビットから 12 ビット階調で，カメラ内のメモリーに保存される．メモリー容量に応じて記録可能な画像数が決定される．すべての画像が取得された後，その画像群をコンピュータに転送し，必要な処理を行う．ただ

し，カメラの仕様によっては，画素数を減らして，長時間の記録を可能にする．応用として，特殊現象の単発観測，変形ダイナミクス計測，流体計測，粒子計測に用いられる．

(2) リアルタイム計測（数十〜数百 fps）

得られた画像の処理を画像取得のフレーム内に実現する場合である．イメージセンサーとコンピュータ間の通信速度およびコンピュータでの画像処理速度によって，フレームレートが決定する．画像処理はその内容と画素数によって決まるが，数十 fps から数百 fps で処理される．応用としては，インライン工業計測，ヒトの動作解析，リアルタイムバイオイメージングなどがある．

(3) 高精度撮影（<30 fps）

高い計測精度を得る必要がある高い信号雑音比での撮像や微弱物体光の撮像の場合である．これらの場合，16 ビット以上の高い階調で低ノイズのイメージセンサーで撮像し，30 fps 程度以下でコンピュータに画像を転送する．応用としては，バイオ計測，微弱蛍光計測，極限的 3 次元計測，超高精度形状計測，単発物理現象の繰り返し計測などがある．

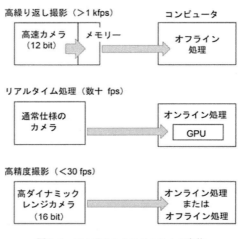

図 6.4　ディジタルホログラフィの実装

6.4 将来展望

　ディジタルホログラフィは,イメージセンサー面での複素振幅(振幅と位相)をイメージセンサーの画素数(手法によって $(1/2)^2$ 点)だけ同時に得る.得られた複素振幅,すなわちホログラムは,時間・空間・振幅がディジタル化(離散化)されているが,光計測システムで得られる最大の情報,すなわち,元の光波面と同等の情報を有している.また離散化されてはいても,非線形の要素はない.特にレンズを使わない場合は,空気のゆらぎ以外に,像を歪ませる要素はサンプルだけである.この必要かつ十分な画像取得と無歪み性が,ディジタルホログラフィの最大の特徴であろう.

　また,ディジタルホログラフィは,画像取得後にフォーカス調節や波面補正を実行でき,画像処置を含むコンピュータとの高度な融合を可能にする.これは,光学系全体の調整を撮影後にできるということである.外部環境を含めた完全な計測システムを用意できないような撮影状況,学術的には究極の状態における物理情報の取得,産業的には許容する撮影環境が広いことを意味する.

　さらに,ディジタルホログラフィは,コンピュータのみならず,電子顕微鏡像,原子間力顕微鏡像,超音波画像等の光以外を情報キャリアとする画像取得装置,さらにはコンピュータを介してクラウド環境中のデータベース画像群との融合も可能である.これはゼノグラフィと呼ばれ,異種の画像装置から生成された複数の画像から,個々の画像の有する特質を超える画像を生成することのできる手法として期待されている.

　ディジタルホログラフィの基本はあくまで光干渉による波面計測であり,過度な期待は禁物であるが,光の特徴をきちんと理解し,要求にあわせて実装し,コンピュータを介して新たな機能を追加して,これまでにない新しい応用展開をすることに面白みがある.繰り返しになるが,ディジタルホログラフィを実現するだけでは干渉計測と同じであり,異なる"画像情報"との"フュージョン"が重要である.

索　引

欧数字

1回フーリエ変換法　49
1ショット記録方式　74
2段階位相シフト法　33
2バケット法　33
3段階位相シフト法　32
3バケット法　32
4段階位相シフト法　33
4バケット法　33

B-スプライン補間　43
FINCH　116
GPU　135
hologram　3
in-line ホログラフィ　16, 30
in-line ホログラム　42
MST 法　104
ND フィルタ　101
off-axis 型　24
off-axis ディジタルホログラフィ　42
off-axis 法　102
off-axis ホログラフィ　16
on-axis ホログラフィ　16
PALM　110
ROI　120
STED　110
TIRF　110

ア　行

アクロマティックフリンジホログラフィ　117
アダプティブフィルタ　83
圧電素子　31
アナログホログラフィ　3

暗視野ディジタルホログラフィック顕微鏡　110

位相アンラッピング処理　7
位相アンラップ　104
位相コントラスト顕微鏡　104
位相差アレイ素子　39
位相差画像　82
位相シフトディジタルホログラフィ　30
位相シフト法　22, 32, 102
位相接続処理　77
位相飛び　81
一般化位相シフト法　35
移動平均処理　95
イメージセンサー　134

映り込み　79

液晶空間光変調素子　39
エネルギー最小化法　104
エバネッセント波　109
円錐鏡　86

大型物体　84
オートフォーカシング　66
重み付け　83

カ　行

解析信号　103
回折型位相顕微鏡　107
回転光散乱板　134
外乱　96
ガウス（Gauss）関数　28
角スペクトル伝搬計算　50
干渉計　12

索　引

干渉縞　13
干渉縞の周期　21
乾燥評価　94
感度ベクトル　77, 91
顔料粒子　97

キューブ型ビームスプリッター　113
共役光　15
共役像　25
近傍画素間位相シフト法　43

空間コヒーレンス　132
空間光変調素子　134
屈折率　122
グラフィックプロセッシングユニット
　（GPU）　135

計算機ホログラフィ　3

工業応用　98
工業計測応用　72
高コヒーレント光源　17
コヒーレンス　132
コヒーレンス長　18
コヒーレント　12
コントラスト　17
コンピュータトモグラフィ　45
コンボリューション法　49

サ　行

撮像素子　11
三角干渉計　117
参照光チルト単一露光位相シフトディジタル
　ホログラフィ　37, 38

時間コヒーレンス　132
時間分解ディジタルホログラフィ　133
時間変化　97
軸外ホログラフィ　16
軸上ホログラフィ　16
時系列ホログラム記録　98
視差　22
自由空間伝搬　12

受動型　72

数値回折積分　14
スーパールミネッセントダイオード　100
スペイシャルフィルタ　101
スペックル　18
スペックルノイズ　77, 111

静的物体　85
ゼロパディング　63
線形補間　87
全反射型ディジタルホログラフィック顕微鏡
　108

双1次（bilinear）補間　43
双3次（bicubic）補間　43
走査型ディジタルホログラフィック顕微鏡
　111

タ　行

帯域制限角スペクトル伝搬計算　59
多波長法　75
単一露光位相シフトディジタルホログラフィ
　37

ツインイメージ　24, 30

低コヒーレント光源　17, 115
ディジタルホログラフィ　3
ディジタルホログラフィック顕微鏡　99
定量的位相イメージング　119
電気光学結晶　31
電子ホログラフィ　5
伝搬計算　14

等高線感度　81
動的物体　84

ナ　行

内視鏡　94

二重露光技術　74
二波長法　74, 75

能動型　72

ハ 行

パイプ内光計測法　88
白色コンティニューム　133
波長可変光源　80
波長差の補正　85
波長板　31
ハミング（hamming）関数　28
搬送周波数　24
ハン（hann）関数　28

ピエゾ素子　31
非回折光　25
光伝搬計算　7
光ファイバイメージガイド　94
微分干渉顕微鏡　104
ヒルベルト変換　102

フィルタ関数　25
フィルタ処理　79, 81
フォトリフラクティブ結晶　4
複素振幅　12
複素振幅積　78
物体像　15
フーリエ位相顕微鏡　106
フーリエ変換　24
フーリエ変換法　24
フレネルインコヒーレント相関ホログラフィ　116
フレネル回折　48
フレネル回折計算　47
プローブ法　133

並列位相シフトディジタルホログラフィ　38, 39
ヘテロダイン干渉　112
変位　90
変位ベクトル　91
変位・変形計測　72
変形計測　89, 91
変形量　91
偏光イメージングカメラ　39
偏光板　37

補間　42
ホログラフィックディスプレイ　5
ホログラム　3
ホログラム間位相シフト法　42

マ 行

マイケルソン型干渉計　20
マスク　92
マッハ-ツェンダー型干渉計　19, 36, 100
窓関数　27
窓サイズ　83

ラ 行

ランダム位相参照光を用いた単一露光位相シフトディジタルホログラフィ　38, 41
ランダム位相シフト法　34

リタデーション　118

レイリー散乱　132

編著者略歴

早　崎　芳　夫
（はやさき　よしお）

1965 年　茨城県に生まれる
1993 年　筑波大学大学院工学研究科物理工学専攻博士課程修了
　　　　　理化学研究所フォトダイナミクス研究センターフロンティア研究員
1995 年　徳島大学工学部光応用工学科講師
2008 年　宇都宮大学オプティクス教員研究センター准教授
現　在　宇都宮大学オプティクス教育研究センター教授
　　　　　博士（工学）

光学ライブラリー 7
ディジタルホログラフィ　　　　　　　　定価はカバーに表示

2016 年 10 月 25 日　初版第 1 刷			
2025 年　5 月 25 日　　　第 2 刷	編著者	早　崎　芳　夫
	発行者	朝　倉　誠　造
	発行所	株式会社 朝 倉 書 店

東京都新宿区新小川町 6-29
郵便番号　162-8707
電　話　03(3260)0141
FAX　03(3260)0180
https://www.asakura.co.jp

〈検印省略〉

© 2016 〈無断複写・転載を禁ず〉　印刷・製本　デジタルパブリッシングサービス

ISBN 978-4-254-13737-8　C 3342　　　　　Printed in Japan

JCOPY　＜出版者著作権管理機構　委託出版物＞

本書の無断複写は著作権法上での例外を除き禁じられています。複写される場合は、そのつど事前に、出版者著作権管理機構（電話 03-5244-5088, FAX 03-5244-5089, e-mail: info@jcopy.or.jp）の許諾を得てください。

好評の事典・辞典・ハンドブック

物理データ事典 　日本物理学会 編　B5判 600頁
現代物理学ハンドブック 　鈴木増雄ほか 訳　A5判 448頁
物理学大事典 　鈴木増雄ほか 編　B5判 896頁
統計物理学ハンドブック 　鈴木増雄ほか 訳　A5判 608頁
素粒子物理学ハンドブック 　山田作衛ほか 編　A5判 688頁
超伝導ハンドブック 　福山秀敏ほか 編　A5判 328頁
化学測定の事典 　梅澤喜夫 編　A5判 352頁
炭素の事典 　伊与田正彦ほか 編　A5判 660頁
元素大百科事典 　渡辺 正 監訳　B5判 712頁
ガラスの百科事典 　作花済夫ほか 編　A5判 696頁
セラミックスの事典 　山村 博ほか 監修　A5判 496頁
高分子分析ハンドブック 　高分子分析研究懇談会 編　B5判 1268頁
エネルギーの事典 　日本エネルギー学会 編　B5判 768頁
モータの事典 　曽根 悟 編　B5判 520頁
電子物性・材料の事典 　森泉豊栄ほか 編　A5判 696頁
電子材料ハンドブック 　木村忠正ほか 編　B5判 1012頁
計算力学ハンドブック 　矢川元基ほか 編　B5判 680頁
コンクリート工学ハンドブック 　小柳 治ほか 編　B5判 1536頁
測量工学ハンドブック 　村井俊治 編　B5判 544頁
建築設備ハンドブック 　紀谷文樹ほか 編　B5判 948頁
建築大百科事典 　長澤 泰ほか 編　B5判 720頁

価格・概要等は小社ホームページをご覧ください．